服装CAD制板与应用

主　编　朱卫华　张　磊　吴雪凯
副主编　黄文萍　童丽姣　苏小斌　韩　静

北京理工大学出版社
BEIJING INSTITUTE OF TECHNOLOGY PRESS

内 容 提 要

本书主要介绍富怡服装CAD系统V10.0版本的操作方法，以实际案例操作为主线，重点介绍软件功能、使用方法与操作要领，内容由浅入深，层层递进地介绍常规基础款式样板设计，以及裁剪、放码及排料的操作技巧，使读者在学习过程中能够做到举一反三，从而熟练掌握软件的操作方法。本书主要内容包括服装CAD系统概述、富怡服装CAD系统V10.0、直裙、女西裤、男衬衫、女西装CAD样板设计实操、富怡CAD样板读取与输出。本书的附录部分附有近几年全国职业院校技能大赛（中职组）样题以及操作范图，为参加竞赛的学生规范操作提供参考。

本书可供艺术类院校服装专业本、专科学生使用，也可作为中等专业学校及其他有关人员的参考用书。

版权专有　侵权必究

图书在版编目（CIP）数据

服装CAD制板与应用 / 朱卫华，张磊，吴雪凯主编 . -- 北京：北京理工大学出版社，2022.7
ISBN 978-7-5763-1501-1

Ⅰ.①服… Ⅱ.①朱… ②张… ③吴… Ⅲ.①服装设计 – 计算机辅助设计 –AutoCAD 软件　Ⅳ.① TS941.26

中国版本图书馆 CIP 数据核字（2022）第 123960 号

出版发行 / 北京理工大学出版社有限责任公司
社　　址 / 北京市海淀区中关村南大街5号
邮　　编 / 100081
电　　话 /（010）68914775（总编室）
　　　　　（010）82562903（教材售后服务热线）
　　　　　（010）68944723（其他图书服务热线）
网　　址 / http://www.bitpress.com.cn
经　　销 / 全国各地新华书店
印　　刷 / 河北鑫彩博图印刷有限公司
开　　本 / 787毫米×1092毫米　1/16
印　　张 / 10　　　　　　　　　　　　　　　　　　责任编辑 / 钟　博
字　　数 / 232千字　　　　　　　　　　　　　　　　文案编辑 / 钟　博
版　　次 / 2022年7月第1版　2022年7月第1次印刷　责任校对 / 周瑞红
定　　价 / 85.00元　　　　　　　　　　　　　　　　责任印制 / 王美丽

图书出现印装质量问题，请拨打售后服务热线，本社负责调换

PREFACE 总序

服装行业作为我国传统支柱产业之一，在国民经济中占有非常重要的地位。近年来，随着国民收入的不断增加，服装消费已经从单一的遮体避寒的温饱型物质消费转向以时尚、文化、品牌、形象等需求为主导的精神消费。与此同时，人们的服装品牌意识逐渐增强，服装销售渠道从线下到线上再到全渠道的竞争日益加剧。未来的服装设计、生产也将走向智能化、数字化。在服装购买方式方面，"虚拟衣柜""虚拟试衣间"和"梦境全息展示柜"等3D服装体验技术的出现，更是预示着以"DIY体验"为主导的服装销售潮流即将来临。

要想在未来的服装行业中谋求更好的发展，不管是服装设计还是服装生产领域都需要大量的专业技术型人才。促进我国服装设计职业教育的产教融合，为维持服装行业的可持续发展提供充足的技术型人才资源，是教育工作者们义不容辞的责任。为此，我们根据《国家职业教育改革实施方案》中提出的"促进产教融合　校企'双元'育人"等文件精神，联合服装领域的相关专家、学者及优秀的一线教师，策划出版了这套高等职业教育服装专业信息化教学新形态系列教材。本套教材主要凸显以下三大特色。

（1）教材编写方面。本套教材由学校和企业相关人员共同参与编写，严格遵循理论以"必需、够用为度"的原则，构建以任务为驱动、以案例为主线、以理论为辅助的教材编写模式。通过任务实施或案例应用来提炼知识点，将基础理论知识穿插到实际案例中，克服传统教学纯理论灌输方式的弊端，强化技术应用及职业素质培养，激发学生的学习积极性。

（2）教材形态方面。除传统的纸质教学内容外，本套教材还匹配了案例导入、知识点讲解、操作技法演示、拓展阅读等丰富的二维码资源，用手机扫码即可观看，实现随时随地、线上线下互动学习，极大地满足信息化时代学生利用零碎时间学习、分享、互动的需求。

（3）教材资源匹配方面。为了更好地满足课程教学需要，本套教材匹配了"智荟课程"教学资源平台，提供教学大纲、电子教案、课程设计、教学案例、微课等丰富的课程教学资源，还可借助平台组织课堂讨论、课堂测试等，有助于教师对教学过程的全方位把控。

本套教材力争在职业教育教材内容的选取与组织、教学方式的变革与创新、教学资源的整合与发展方面，做出有意义的探索和实践。希望本套教材的出版能为当今服装设计职业教育的发展提供借鉴和思路。我们坚信，在国家各项方针政策的引领下，在各界同人的共同努力下，我国服装设计教育必将迎来一个全新的蓬勃发展时期！

高等职业教育服装专业信息化教学新形态系列教材编委会

前言 FOREWORD

服装 CAD 一直以来都是各个高校服装专业学生的必修课，同时随着"1+X"职业资格证书制度的实施，服装 CAD 作为其中一项职业技能考核内容成为服装专业学生的一门重要专业核心课程。

目前，国内有很多服装 CAD 软件，不同企业使用的服装 CAD 软件各有不同，富怡服装 CAD 软件在国内开发得较早，其因功能齐全、操作简便、制板精准及自动化程度高，深受国内大多数服装企业的认可，高校及中职学校里也大多使用富怡服装 CAD 软件进行学习。

为了适应目前各高校艺术设计类、纺织服装类本科、专科学生学习服装 CAD 的需求，解决富怡服装 CAD V10.0 版缺乏配套教材的情况，我们编写了本书。

本书旨在让学习者了解、熟悉、掌握富怡 CAD V10.0 系统的使用方法。本书通过富怡 CAD 软件系统的操作来讲解服装常见款式、纸样的制作、放码，以及服装 CAD 的排料、输出等。书中就实际教学中的常见问题和容易出现的差错在实例中给予强调，以期学习者少走一些弯路。本书附有富怡官方授权的 Super V8 版（V10 免费版）富怡 CAD 软件及视频学习教程，同时书中每个章节均配有配套视频，用手机扫码即可观看学习，为学生更好地学习与应用提供便利。

本书由东莞职业技术学院朱卫华、广东创新职业技术学院张磊、广东科技学院吴雪凯任主编；由东莞职业技术学院黄文萍、富怡集团深圳市盈瑞恒科技有限公司童丽姣、岳阳市第一职业中等专业学校苏小斌、泉州纺织服装职业学院韩静等人担任副主编。

本书可供艺术类院校服装专业本科、专科学生使用，也可作为中等专业学校及其他有关人员的参考用书。

由于时间仓促，编者水平有限，书中难免存在疏漏与不足，恳请广大读者批评指正，多提宝贵意见，联系方式：113565781@qq.com。

编　者

CONTENTS 目录

第一章 服装CAD系统概述 \\ 001
第一节 服装CAD系统的概念、作用和发展简史 \\ 002
第二节 服装CAD系统设备要求 \\ 005

第二章 富怡服装CAD系统V10.0 \\ 008
第一节 富怡服装CAD系统V10.0功能概述 \\ 009
第二节 富怡服装设计与放码CAD系统 \\ 010
第三节 富怡服装排料CAD系统 \\ 019

第三章 直裙CAD样板设计实操 \\ 030
第一节 直裙CAD结构设计 \\ 031
第二节 直裙CAD样板裁剪与放码 \\ 041
第三节 直裙CAD样板排料 \\ 049

第四章 女西裤CAD样板设计实操 \\ 054
第一节 女西裤CAD结构设计 \\ 055
第二节 女西裤CAD样板裁剪 \\ 063
第三节 女西裤CAD样板放码 \\ 069
第四节 女西裤CAD样板排料 \\ 080

第五章 男衬衫CAD样板设计实操 \\ 084
第一节 男衬衫CAD结构设计 \\ 085
第二节 男衬衫CAD样板裁剪与放码 \\ 103
第三节 男衬衫CAD样板排料 \\ 111

第六章 女西装CAD样板设计实操 \\ 116
第一节 女西装CAD结构设计 \\ 117
第二节 女西装CAD样板裁剪 \\ 133
第三节 女西装CAD样板放码与排料 \\ 137

第七章 富怡CAD样板读取与输出 \\ 143
第一节 富怡CAD样板读取 \\ 144
第二节 富怡CAD系统样板输出 \\ 150

附录 \\ 153

参考文献 \\ 154

第一章
服装 CAD 系统概述

学习目标

知识目标：
1. 了解服装 CAD 系统；
2. 熟悉服装 CAD 系统的发展；
3. 了解服装 CAD 系统对运行设备的要求。

技能目标：
1. 能够熟练安装服装 CAD 系统；
2. 能够简单操作服装 CAD 系统界面。

素养目标：
1. 培养学生独立思考和解决问题的能力；
2. 培养学生良好的职业操守。

服装 CAD 起源于 20 世纪 70 年代，在计算机及网络技术飞速发展的驱动下，该技术在服装产业领域得到了广泛的应用。

CAD 技术在服装产业中的应用大大节约了服装产品开发的时间成本、物料成本并提升了沟通效率。然而，在服装 CAD 盛行之初，由于其投入成本较高且需要改变以往的操作习惯，不少人认为服装 CAD 系统只适用于大型企业，在小公司推广不成熟或不可行。其实，小型企业主要是凭借其生产的灵活性和产品的多样性谋求生存和发展，而且日益增大的零售市场压力又要求它们与供应商之间建立一种反应迅速的合作方式。服装 CAD 系统的特点之一，就是能够向客户提供更加灵活、便捷的服务，从而帮助企业进一步拓展业务。可见无论公司规模大小，都有必要安装服装 CAD 系统。CAD 技术在服装工业化生产中起到不可替代的作用，可以说这项技术的应用是现代化生产的起始，因此，大力推广服装 CAD 系统不仅可行，而且十分必要。

第一节　服装 CAD 系统的概念、作用和发展简史

一、服装 CAD 系统的概念

CAD 是计算机辅助设计（Computer Aided Design）的英文缩写，应用于服装设计领域的 CAD 称为服装 CAD，即计算机辅助服装设计。

计算机辅助服装设计实现了服装的款式设计、结构设计（打板、放缩、排料）、工艺管理等一系列设计的计算机化。服装 CAD 技术的推广应用加速了服装产业的技术改革及产品的改造。

二、服装 CAD 系统的作用

服装 CAD 技术的推广与应用使服装行业发生了巨大的变革。服装 CAD 系统在工业上的作用主要体现在以下方面。

1. 提高服装设计质量

在传统手工业生产方式中，人为因素对产品质量影响严重，从设计阶段就存在着精度低的先天不足，产品质量难以提高。采用了服装 CAD 系统后，不仅使产品的设计精度得以提高，而且使后续加工工序采用新技术（如 CAM[①]、CAPP[②]、FMS[③] 等）得以实现，为提高产品质量提供了可靠的保障。

2. 提高设计时效

服装产品的生产周期主要取决于技术准备工作的周期，对于小批量生产更是如此。根据用户报告采用服装 CAD 系统后，其技术准备工作周期可缩短十几倍乃至几十倍，产品加工周期可大大缩短，企业便有余力进行产品的更新换代，从而提高企业自身的活力。

3. 降低生产成本

服装业属于加工业，因此，产品的生产成本是决定生产效益的重要因素。在生产成

---

① CAM（Computer Aided Manufacturing）主要是指利用计算机辅助完成从生产准备到产品制造整个过程的活动，即通过直接或间接地把计算机与制造过程和生产设备相联系，用计算机系统进行制造过程的计划、管理，以及对生产设备的控制与操作的运行，处理产品制造过程中所需的数据，控制和处理物料（毛坯和零件等）的流动，对产品进行测试和检验等。

② CAPP（Computer Aided Process Planning）是指借助计算机软/硬件技术和支撑环境，利用计算机进行数值计算、逻辑判断和推理等的功能来制定零件机械加工工艺过程。借助 CAPP 系统，可以解决手工工艺设计效率低、一致性差、质量不稳定、不易达到优化等问题。CAPP 也是利用计算机技术辅助工艺师完成零件从毛坯到成品的设计和制造过程。

③ FMS（Functional Movement Screen）是指 Gray Cook 等人设计的一个基于基本动作模式来预测运动风险的筛查系统。FMS 通过 7 个功能动作和 3 个排除性测试，对人体基本动作模式的完成情况进行确认、分级和排序，进而对人们的运动风险进行评估。FMS 中使用的 7 个测试动作和 3 个排除性动作可以称为人的基本动作模式。

本中，原材料的消耗和人工费用占相当比例，采用服装 CAD 系统后，一般可节省人力 2/3，面料的利用率可提高 2%～3%，这对于批量生产，尤其是对高档产品而言，效益是相当可观的。

4. 降低劳动强度

服装 CAD 系统代替了传统的手工操作，工人的劳动强度大大降低。

5. 改善工作环境

采用服装 CAD 系统之后，传统的作业办公室就会被改为服装 CAD 设计室，对于其内部环境的整洁性、清洁性和相关硬件工具的配备都提出了新的要求。

6. 便于生产管理

采用服装 CAD 系统可提高企业的现代化管理水平，设计信息资料存储在计算机内，方便管理调用；另外，一些现代化的生产方式（如集成制造）如果没有服装 CAD 技术的支持是很难实现的。

7. 提高市场反应能力

采用服装 CAD 系统有利于信息快速传递，有利于企业及时把握市场信息，准确生产高品质产品并投放市场，提高企业对市场的快速反应能力。

服装 CAD 系统具有灵活性、高效性和可存储性三个主要特性。

要在竞争激烈的市场中求得生存，系统的灵活性显得日益重要，服装 CAD 系统允许用户在设计和生产过程中修改自己的设计。完整的系统功能还可以促进管理者改进企业的供求关系，以确保材料购进、生产制作和成品发货能够准时进行，与传统手工方法相比，服装 CAD 系统能够在单位时间内提供更多的产品，从而有助于提高生产率。由于电子数据可以存储在光盘、磁盘等存储器上，服装 CAD 系统可以利用最小的存储空间，提供比传统介质大得多的存储量。

服装 CAD 系统最本质的特性就是其灵活性，它可以从款式库、纸样库中很快调出原始款式、纸样，对其进行版型设计和根据服装号型进行放码，接着在几分钟内即可完成排料过程。

当然，服装 CAD 系统还有很多其他的好处，如使用服装 CAD 系统的设计师可以有更多的时间进行创造性的研究，因为他们已将许多烦琐的工作甩给了服装 CAD 系统。研究不仅可以提高产品质量，还可以加强对市场的了解，为新产品开发提供更多机会。

三、服装 CAD 系统的发展简史

服装 CAD 系统起源于 20 世纪 70 年代末，国外首先应用于飞机外形绘图的制图工具，然后不断延伸用于服装制版。最初其主要用于排料，显示衣片的排列和裁剪规律，此项应用能最大限度地提高面料的利用率。美国的格柏（Gerber）公司和法国的力克（Lectra）公司开发了最早的计算机排料系统。由于当时计算机还没有出现，这些系统是基于单片机设计的，因此庞大而且昂贵。

到 20 世纪 90 年代初期，服装 CAD 系统开始进入中国服装制造领域，至 20 世纪 90 年代中期国内服装 CAD 软件初具原型，同时引用国外核心技术在国内先后孕育 40 多家 CAD 科技公司。20 世纪 90 年代，因计算机普及程度低及服装企业对于 CAD 制版软件存在盲点，加之早期软件功能等因素，国内服装 CAD 系统普及工作停滞不前；直到 2000 年，服装 CAD 系统开始慢慢打开市场，随后国外服装 CAD 软件也开始进军国内市场，但由于当时服装 CAD 硬件设备多为国外进口，进行高价格垄断且技术服务不完善，在国内服装企业的普及率不足千分之一。

截至 2002 年，由于以下几个原因，国内服装 CAD 系统在行业推广下打开了局面。

（1）服装 CAD 系统的制版功能得到实用性的完善；

（2）国内计算机技术应用开始普及；

（3）服装企业整体科技产能结构开始提升；

（4）国内多家科技公司开始研发制造 CAD 的配套硬件设备，打破国外高价垄断的市场格局，为服装 CAD 系统的推广起到了不可或缺的作用。

截至 2004 年行业不完全统计，国内使用服装 CAD 系统的企业已经超过 3 000 家，虽然占整个行业用户总数量不足 5%，但为服装 CAD 系统用户的快速增长奠定了传播效应。

2005 年以后，国内 CAD 硬件配套设备不断推陈出新，同时计算机应用基本普及，服装 CAD 系统应用进入高速普及爆发期，服装 CAD 系统用户占服装企业总数的 30% 左右；截至 2008 年，行业技术不断成熟，服装 CAD 系统相关硬件产品价格大幅度降低，但是因为经济危机的影响，服装企业面临重新洗牌，服装 CAD 系统推广遇阻。

2009 年 7 月，服装行业复苏，服装 CAD 系统大面积普及开来，国内 CAD 科技企业转向价格、品牌、服务等全方位竞争。

2011 年后，国内以富怡 CAD 科技企业为领军率先推出网络免费下载试用版，这预示着国内服装 CAD 系统的应用得到普及，迄今为止，国内服装行业 CAD 普及应用率达 85% 以上，服装 CAD 系统应用水平接近国外。

服装 CAD 系统的发展尽管不过几十年，然而它对服装企业的意义和影响却是巨大的，它改变了传统服装的手工操作，对于提升企业形象，提高企业竞争优势，以多品种小批量的生产特性迫使企业缩短生产周期，加速各部门之间的有效沟通，预知生产数据及生产计划，降低库存资金占用，有效地与国际市场接轨，方便国际间数据传输，有效控制生产成本，减轻生产人员工作压力，减少行政管理工作，有效地进行数据管理及数据查询，大幅提高生产效率，提升时间、空间效益，提高顾客满意度，提升服务品质等都起到了至关重要的作用。

课后思考与练习

1. 什么是服装 CAD 系统？
2. 服装企业使用服装 CAD 系统有哪些好处？
3. 常见的服装 CAD 系统有哪些？

第二节　服装 CAD 系统设备要求

服装 CAD 系统作为软件需要安装在计算机中才能发挥其功能，因此一套完整的服装 CAD 系统一般包括软件和硬件两部分，硬件又由输入设备和输出设备组成。

一、输入设备

（1）计算机（包括显示器、键盘、鼠标）：用于安装、应用各种软件，存储服装样板制版、排料设计款式等各种资料，如图 1-2-1 所示。

图 1-2-1

（2）数字化仪：一种重要的图形输入设备。它能方便地实现图像数字的输入。在服装 CAD 系统中，往往采用大型数字化仪作为服装样板的输入设备，如图 1-2-2 所示。

（3）照相数字化仪：与普通数字化仪功能一致，但操作上又区别于普通数字化仪。传统数字化仪需要扫描手工裁片的每一个点才能将裁片信息输入计算机，而照相数字化仪只需要拍一张裁片的照片即可将样板资料输入计算机，如图 1-2-3 所示。

图 1-2-2

图 1-2-3

二、输出设备

（1）打印机：输出缩比例结构图或者排料图，一般可输出 A4 或者 A3 大小纸张，如图 1-2-4 所示。

图 1-2-4

（2）绘图仪：与打印机功能一致，主要用于将计算机绘制的 CAD 样板或排料图进行 1∶1 输出。目前比较常见的是喷墨式绘图仪，但也有部分小作坊为了节约成本仍然选用笔式绘图仪，如图 1-2-5 所示。

图 1-2-5

（3）切割机：也叫作绘切式绘图仪，它在普通绘图仪的基础上增加了切割功能。一般常见的有平板式切绘机（图 1-2-6）和立式切绘一体机（图 1-2-7），多用于精度要求较高的裁剪。

图 1-2-6

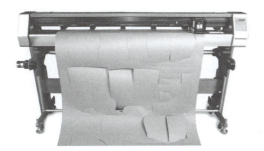

图 1-2-7

课后思考与练习

1. 服装 CAD 系统运行硬件一般包括哪些？
2. 计算机绘制的 CAD 样板应该怎样输出？

第二章
富怡服装 CAD 系统 V10.0

> **学习目标**
>
> **知识目标：**
> 1. 了解富怡服装 CAD 系统 V10.0；
> 2. 了解富怡服装 CAD 系统 V10.0 的特点与功能；
> 3. 了解富怡服装 CAD 系统 V10.0 的常用术语。
>
> **技能目标：**
> 1. 能够熟记富怡服装 CAD 系统 V10.0 的特点与功能；
> 2. 能够准确理解并掌握富怡服装 CAD 系统 V10.0 的常用术语。
>
> **素养目标：**
> 1. 培养学生精细化学习的能力；
> 2. 培养学生良好的职业操守。

富怡服装 CAD 系统 V10.0 对数据结构和程序框架进行了飞跃性的升级，拓展了大量功能和应用延伸。其可以在计算机上开样、放码，也能将手工纸样通过数码相机输入系统，读入计算机，之后再进行改版、放码、排版、绘图，当然也能读入手工放好码的纸样，可连接超排。

第一节　富怡服装 CAD 系统 V10.0 功能概述

一、富怡服装 CAD 系统 V10.0 的主要特点

富怡服装 CAD 系统 V10.0 是用于服装、内衣、鞋帽、箱包、沙发、帐篷等行业的专用出版、放码及排版的软件。该系统功能强大、操作简单、好学易用，可以极大地提高工作效率及产品质量，是现在服装企业必不可少的工具。其主要特点如下。

（1）本系统开样放码部分采用全新的设计思路，整合公式法与自由设计，最大的特点是联动，包括结构线间联动，样板与结构线联动调整，转省、合并调整、对称等工具的联动，只需要调整一个部位，其他相关部位都随之一起修改，剪口、扣眼、钻孔、省、褶等元素也可联动。

（2）开样放码部分保留原有的服装 CAD 功能，可以加省、转省、加褶等，提供丰富的缝份类型、工艺标识，可自定义各种线型，允许用户建立部件库，如领子、袖口等部位，使用时直接载入。

（3）开样放码部分提供多种放码方式，结构线与纸样均可自动放码、点放码、方向键放码、规则放码，以及比例放码、平行放码等。

（4）开样放码部分的扣眼、布纹线、剪口、钻孔等可以直接在结构线上编辑。

（5）开样放码部分提供充绒功能，计算整片或者局部的充绒量，便于羽绒服企业计算用量与成本。

（6）开样放码部分提供数码输入功能，输入纸样的效率与精度都要远远高于传统的数化板。

（7）导入其他多种格式文件，如 DXF、AAMA/ASTM/DWG。

（8）排料可直接读取设计放码系统文件，双界面同时排料，提供超级排料、手动、人机交互、对格对条等多种排料方式，其中超级排料是国际领先技术，系统可以在短时间内完成一个唛架，利用率可以达到甚至超过手动排料，也可排队超排，可以避段差、边差、捆绑、固定等，能够节省时间，提高工作效率。手动排料时，可对样片进行灵活倾斜、微调及借布边，达到很好的利用率。

（9）排料系统为玩具、手套、内衣等量身定做制帽功能，复制、倒插唛架功能使排料达到很高的利用率。

（10）排料系统可成功读入各种 HPGL 文件，并能导入 HPGL 格式的绘图文件及裁床格式文件，进行重新排料。

（11）排料系统可以算料，即快速计算用布量及裁剪件数，使生产效率得到提高，增加对市场的掌控力，节省时间与金钱。

（12）本系统支持内轮廓排料及切割，可与输出设备接驳，进行小样的打印及 1∶1 纸样的绘图及切割。

二、富怡服装 CAD 系统 V10.0 的常用术语

左键单击：是指按下鼠标的左键并且在还没有移动鼠标的情况下放开左键。

右键单击：是指按下鼠标的右键并且在还没有移动鼠标的情况下放开右键，还表示某一命令的操作结束。

右键双击：是指在同一位置快速按下鼠标右键两次。

左键拖拉：是指把鼠标移到点、线图元上后，按下鼠标的左键并且保持按下状态移动鼠标。

右键拖拉：是指把鼠标移到点、线图元上后，按下鼠标的右键并且保持按下状态移动鼠标。

左键框选：是指在没有把鼠标移到点、线图元上前，按下鼠标的左键并且保持按下状态移动鼠标。如果距离线比较近，为了避免变成左键拖拉，可以在按下鼠标左键前先按下 Ctrl 键。

右键框选：是指在没有把鼠标移到点、线图元上前，按下鼠标的右键并且保持按下状态移动鼠标。如果距离线比较近，为了避免变成右键拖拉，可以在按下鼠标右键前先按下 Ctrl 键。

点（按）：表示鼠标指针指向一个想要选择的对象，然后快速按下并释放鼠标左键。

单击：没有特意说用鼠标右键时，都是指鼠标左键。

框选：没有特意说用鼠标右键时，都是指鼠标左键。

课后思考与练习

1. 简要概述富怡服装 CAD 系统 V10.0 的主要特点。
2. 在富怡服装 CAD 系统 V10.0 中单击、双击、拖拉、框选都有哪些具体操作？

第二节　富怡服装设计与放码 CAD 系统

一、系统界面介绍

系统的工作界面就好比是用户的工作室，熟悉了这个界面也就熟悉了工作环境，自然就能提高工作效率。

富怡服装设计与放码 CAD 系统界面共由 9 个部分组成，分别是存盘路径、菜单栏、主工具栏、衣片列表框、标尺、工具栏、工具栏属性栏、工作区、状态栏，如图 2-2-1 所示。

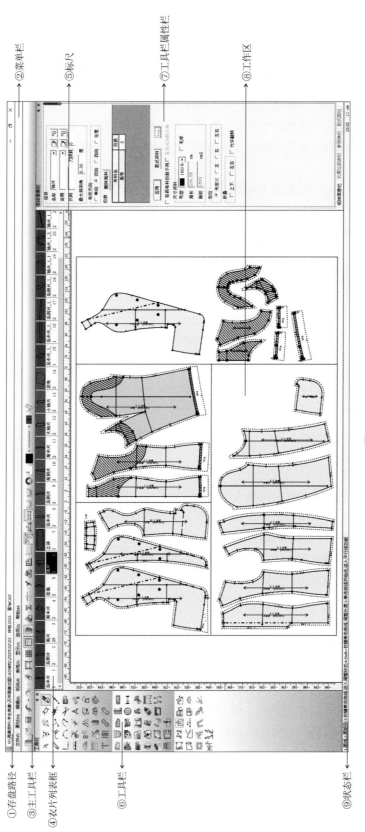

图 2-2-1

二、系统界面分区的功能与作用

存盘路径：显示当前打开文件的存盘路径。

菜单栏：该区是放置菜单命令的地方，且每个菜单的下拉菜单中又有各种命令。单击菜单时，会弹出一个下拉式列表，可用鼠标单击选择一个命令，也可以按住 Alt 键单击菜单后的对应字母，菜单即可选中，再用方向键选中需要的命令。

主工具栏：用于放置常用命令的快捷图标，为快速完成设计与放码工作提供了极大的方便。

衣片列表框：用于放置当前款式中的纸样。每一个纸样放置在一个小格的纸样框中，纸样框布局可通过执行"选项"→"系统设置"→"界面设置"→"纸样列表框布局"命令改变其位置。衣片列表框中放置了本款式的全部纸样，纸样的名称、份数和次序号都显示在这里，拖动纸样可以对顺序进行调整，不同的布料显示不同的背景色。在衣片列表框单击鼠标右键，可以选择排列方式，并可显示所有纸样，如图 2-2-2 所示。

图 2-2-2

标尺：显示当前使用的度量单位。

工具栏：该栏用于放置绘制及修改结构线、纸样，放码的工具。

工具属性栏：选中每个工具，侧边会相应显示该工具的属性栏，使得一个工具能够满足更多的功能需求，减少切换工具。

工作区：如一张无限大的纸张，可在此尽情发挥设计才能。在工作区中既可设计结构线，也可以对纸样放码，绘图时可以显示纸张边界。

状态栏：位于系统的最底部，它显示当前选中的工具名称及操作提示。

三、富怡服装设计与放码 CAD 系统常用快捷键

任何计算机软件在进行操作时为了提升工作效率，大部分工具及操作均可以设置快捷键或快捷操作方式，富怡服装 CAD 软件的工具、操作也有相应的快捷键或快捷操作方式，如图 2-2-3 所示。

富怡服装设计与放码CAD快捷键图示

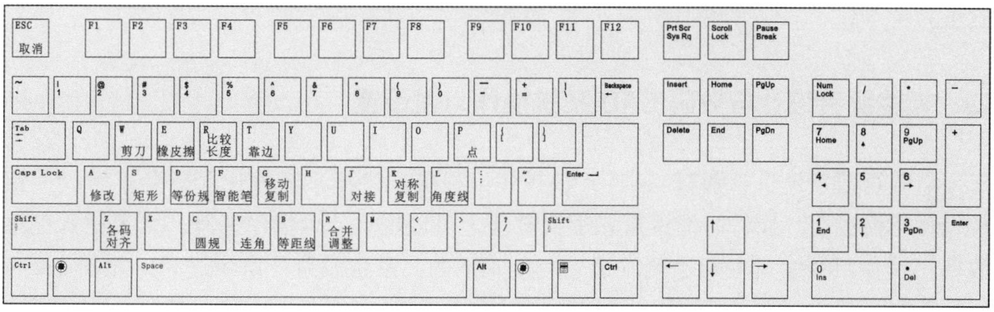

（键盘图示）

Ctrl+N 新建
Ctrl+O 打开
Ctrl+S 保存
Ctrl+A 另存为
Ctrl+C 复制纸样
Ctrl+V 粘贴纸样
Ctrl+D 删除纸样
Ctrl+Q 生成影子
Ctrl+E 号型编辑
Ctrl+F 显示/隐藏放码点
Ctrl+K 显示/隐藏非放码点
Ctrl+J 颜色填充/不填充纸样
Ctrl+H 调整时显示/隐藏弦高线
Ctrl+R 重新生成布纹线
Ctrl+B 移动旋转复制
Ctrl+Z 撤销
Ctrl+Y 重做
Ctrl+F7 显示/隐藏缝份量
Ctrl+F10 一页里打印时显示页边框
Ctrl+F11 1:1显示
Ctrl+F12 纸窗所有纸样放入工作
Ctrl+右键 闭合曲线
Enter键 文字编辑的换行操作/弹出光标所在关键点移动对话框

Shift 画线时，按住Shift键在曲线与折线间转换/转换结构线上的直线点与曲线点
Shift+C 剪断线
Shift+S 曲线调整
Shift+F4 显示/隐藏结构线放码
Shift+F8 显示上一个号型
Shift+F12 纸样在工作区的位置关联/不关联
Shift+右键 水平垂直点
Shift+修改工具 移动标注或测量工具记录的变量
Ctrl+Shift+Alt+G 删除全部基准线
F2 切换影子与纸样边线
F3 显示/隐藏两放码点间的长度
F4 显示所有号型/仅显示基码
F5 切换缝份线与纸样边线
F7 显示/隐藏缝份线
F8 显示下一个号型
F9 匹配整段线/分段线
F10 显示/隐藏绘图纸张宽度
F11 匹配一个码/所有码
F12 工作区所有纸样放回纸样窗
X键 与各码对齐结合使用，放码量在X方向上对齐
Y键 与各码对齐结合使用，放码量在Y方向上对齐
U键 在按下U键的同时，单击工作区的纸样可将其放回到纸样列表框中
Delete 鼠标光标为智能笔/调整工具时，用鼠标右键单击线段，把鼠标放在点/线上，按Delete键可删除点/线

图 2-2-3

以下是富怡服装 CAD 软件在具体操作时一些隐藏的快捷操作方式。

F11：用布纹线移动或延长布纹线时，匹配一个码/所有码；用 T 移动 T 文字时，匹配一个码/所有码；用橡皮擦删除辅助线时，匹配一个码/所有码。

Z 键各码对齐操作：(点放码后查对齐)用选择工具，选择一个点或一条线；按 Z 键，放码线就会按控制点或线对齐；连续按 Z 键，放码量会以该点在 XY 方向对齐、在 Y 方向对齐、在 X 方向对齐、恢复间循环。

鼠标滑轮：在选中任何工具的情况下，向前滚动鼠标滑轮，工作区的纸样或结构线向下移动；向后滚动鼠标滑轮，工作区的纸样或结构线向上移动；单击鼠标滑轮为全屏显示。

按 Shift 键：向前滚动鼠标滑轮，工作区的纸样或结构线向右移动；向后滚动鼠标滑轮，工作区的纸样或结构线向左移动。

键盘方向键：按上方向键，工作区的纸样或结构线向下移动；按下方向键，工作区的纸样或结构线向上移动；按左方向键，工作区的纸样或结构线向右移动；按右方向键，工作区的纸样或结构线向左移动。

小键盘的 +、- 键：每按一次小键盘 + 键，工作区的纸样或结构线放大显示一定的比例；每按一次小键盘 - 键，工作区的纸样或结构线缩小显示一定的比例。

Space 键：在选中任何工具的情况下，把光标放在纸样上，按一下 Space 键，即可变成移动纸样光标；使用选择工具框选多个纸样，按一下 Space 键，选中纸样即可一起移动；在使用任何工具的情况下，按下 Space 键（不弹起），光标转换成放大工具，此时向前滚动鼠标滑轮，工作区内容就会以光标所在位置为中心放大显示,向后滚动鼠标滑轮,工作区内容就以光标所在位置为中心缩小显示;单击鼠标右键为全屏显示。

四、富怡服装设计与放码 CAD 系统操作习惯设置

为了更便捷地进行放码 CAD 系统操作,在首次进行系统操作前需要了解软件相关操作习惯设置。操作习惯设置在很大程度上可以提升软件操作速度,大大提升工作效率。操作习惯设置主要通过"选项"菜单下的"系统设置"命令进行,如图 2-2-4 所示。

打开"系统设置"对话框后,可以看到"界面""字体""布纹线""缺省""绘图""长度单位""开关设置""自动备份"8 个选项卡,如图 2-2-5 所示。

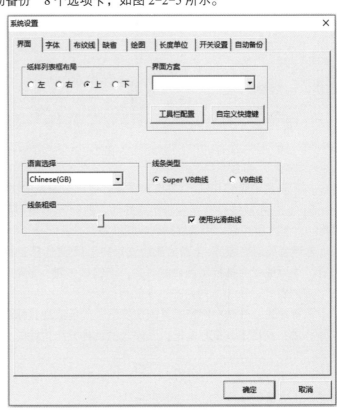

图 2-2-4　　　　　　　　　　　　　图 2-2-5

在"界面"选项卡中,可对纸样列表框布局、界面方案、语言选择、线条类型、线条粗细等进行设置。

常规设置方案:纸样列表框布局为上方,界面方案为传统主题,语言为中文,线条类型为 Super V8 曲线,线条粗细为中等粗细的光滑曲线,如图 2-2-6 所示。

单击"界面方案"区域下方的"工具栏配置"按钮,在弹出的"工具设置"对话框中可以根据操作习惯将常用的工具设置在右键工具栏中,这样可以方便在纸样设计过程中直接单击鼠标右键快速找到常用工具,如设置线类型和颜色、CSE 圆弧、缝份、剪

口、布纹线等工具，如图 2-2-7 所示。

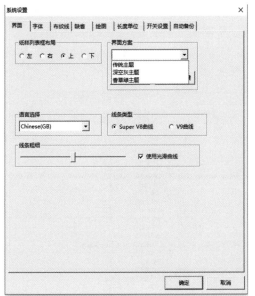
图 2-2-6

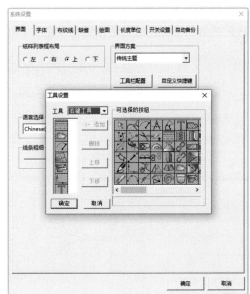
图 2-2-7

在"字体"选项卡中，可对系统默认字体大小、字体类型进行相应设置，如 T 文字字体、布纹线字体、尺寸变量字体等常用设置为 15～20 mm，如图 2-2-8 所示。

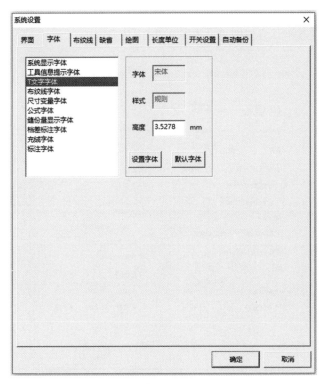
图 2-2-8

在"布纹线"选项卡下,可将布纹线的缺省方向设置为双向_垂直,布纹线大小设置为自动生成布纹线大小,布纹线上方设置显示号型名和纸样名,布纹线下方设置显示布料类型,纸样份数会根据纸样信息自动生成,不需要重复设置,如图2-2-9所示。

图 2-2-9

"缺省"选项卡主要是对剪口、钻孔、缝份量、充绒密度单位等参数进行设置,一般无特殊要求直接按默认设置即可,如图2-2-10所示。

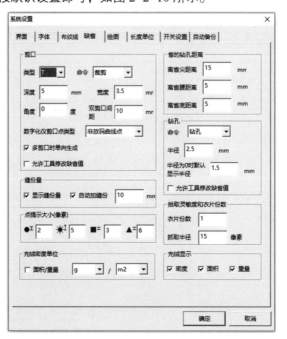

图 2-2-10

"绘图"选项卡主要是对绘图仪纸样输出相应参数的设置，无特殊要求直接按默认设置即可，如图2-2-11所示。

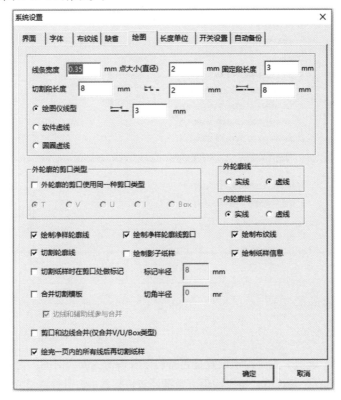

图 2-2-11

"长度单位"选项卡用于设置绘图的度量单位，国内一般选用厘米，显示精度为0.01，如图2-2-12所示。

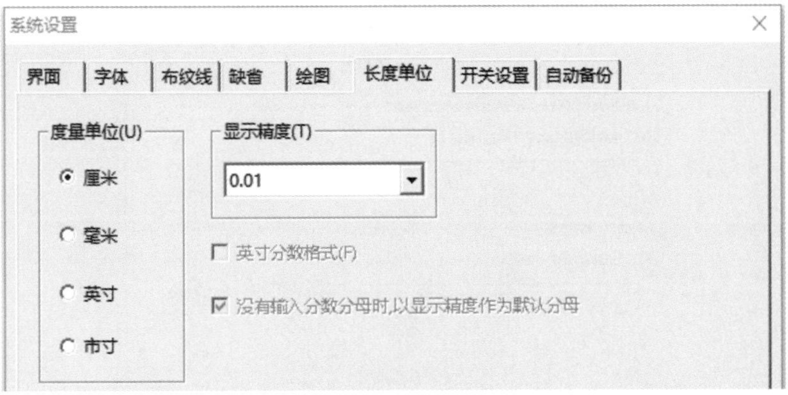

图 2-2-12

"开关设置"选项卡主要用于设置是否显示非放码点、是否显示放码点、是否显示缝份线、是否填充纸样、是否使用滚轮放大缩小（单击全屏）等，可根据个人操作习惯进行相应设置，如图2-2-13所示。

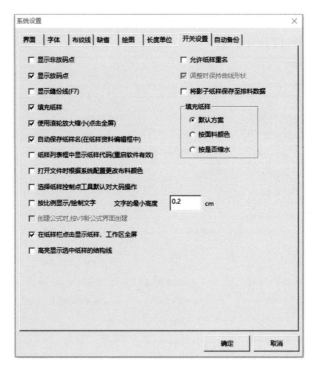

图 2-2-13

"自动备份"选项卡主要用于设置是否备份以及备份的间隔时间,为了文件安全务必勾选"使用自动备份"复选框,备份间隔可根据计算机配置进行设置,最好是备份每一步,如图 2-2-14 所示。

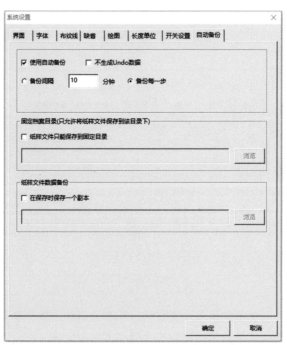

图 2-2-14

在设置好"自动备份"的情况下，如遇软件突然关闭或者计算机死机等情况，可通过"文件"菜单下的"安全恢复"选项找到最近时间的备份文件进行恢复，这样可以避免文件丢失，如图2-2-15所示。

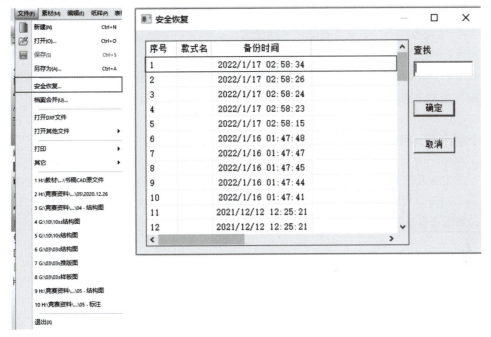

图 2-2-15

课后思考与练习

1. 富怡服装设计与放码CAD系统界面主要由哪些部分组成？
2. 在富怡服装CAD系统中快捷键主要有什么作用？

第三节　富怡服装排料CAD系统

富怡服装排料CAD系统是为服装行业提供的排唛架专用软件，它的界面简洁，思路清晰、明确，所设计的排料工具功能强大、使用方便。为用户在竞争激烈的服装市场中提高生产效率，缩短生产周期，增加服装产品的技术含量和附加值提供了强有力的保障。

一、富怡服装排料CAD系统的特点

下面以富怡服装排料CAD系统V10.0为例进行说明，其特点如下。
（1）超级排料、全自动、手动、人机交互，按需选用；

（2）键盘操作，排料快速准确；

（3）自动计算用料长度、利用率、纸样总数、放置数；

（4）提供自动、手动分床；

（5）对不同布料的唛架自动分床；

（6）对不同布号的唛架自动或手动分床；

（7）提供对格对条功能；

（8）可以与裁床、绘图仪、切割机、打印机等输出设备接驳，进行小唛架图的打印及1∶1唛架图的裁剪、绘图和切割。

二、富怡服装排料CAD系统界面介绍

富怡服装排料CAD系统界面共由10个部分组成，分别是标题栏、菜单栏、主工具栏、纸样窗、尺码列表框、唛架工具栏1、唛架工具栏2、主唛架区、辅唛架区、状态栏，如图2-3-1所示。

三、富怡服装排料CAD系统界面分区的功能与作用

标题栏：位于窗口的顶部，用于显示文件的名称、类型及存盘的路径。

菜单栏：标题栏下方是由9组菜单组成的菜单栏，GMS菜单的使用方法符合Windows标准，单击其中的菜单命令可以执行相应的操作，快捷键为Alt加括号后的字母。

主工具栏：该栏放置着常用的命令，为快速完成排料工作提供了极大的方便。

纸样窗：纸样窗中放置着排料文件所需使用的所有纸样，每一个单独的纸样放置在一小格的纸样框中。纸样框的大小可以通过拉动左、右边界来调节其宽度，还可通过在纸样框上单击鼠标右键，在弹出的对话框内改变数值，调整其宽度和高度。

尺码列表框：每一个小纸样框对应一个尺码表，尺码表中存放着该纸样对应的所有尺码号型及每个号型对应的纸样数。

唛架工具栏1/2：纸样排料常用工具。

主唛架区：主唛架区可按自己的需要任意排列纸样，以取得最省布的排料方式。

辅唛架区：将纸样按码数分开排列在辅唛架上，方便主唛架排料。

状态栏：状态栏位于系统界面的右边最底部，它显示着当前唛架纸样总数，放置在主唛架区纸样总数，唛架利用率，当前唛架的幅长、幅宽，唛架的层数和长度单位。

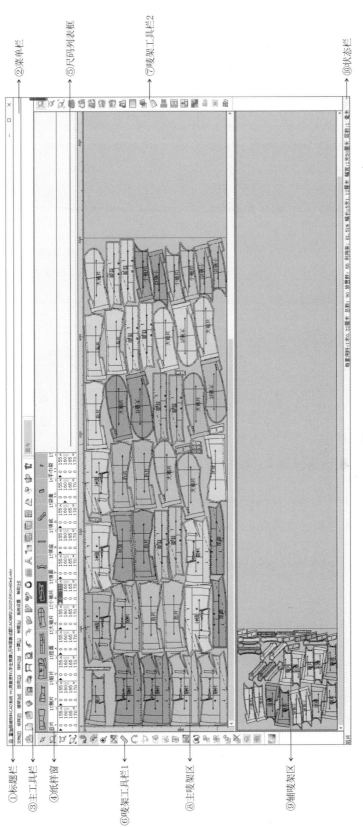

图 2-3-1

四、富怡服装排料 CAD 系统常用快捷键（图 2-3-2）

Ctrl + A　　另存为
Ctrl + D　　将工作区纸样全部放回到尺寸表中
Ctrl + I　　纸样资料
Ctrl + M　　定义唛架
Ctrl + N　　新建
Ctrl + O　　打开
Ctrl + S　　保存
Ctrl + Z　　后退
Ctrl + X　　前进

Alt + 1　　主工具匣
Alt + 2　　唛架工具匣1
Alt + 3　　唛架工具匣2
Alt + 4　　纸样窗、尺码列表框
Alt + 5　　尺码列表框
Alt + 0　　状态条、状态栏主项

F3　　重新按号型套数排列辅唛架上的样片
F4　　将选中样片的整套样片旋转180°
F5　　刷新
Delete　　移除所选纸样

Space　　工具切换（在纸样选择工具选中状态下，Space 键用于放大工具与纸样选择工具的切换；在其他工具选中状态下，Space 键用于该工具与纸样选择工具的切换）。

双击　　双击唛架上选中纸样可将选中纸样放回到纸样窗内；双击尺码表中某一纸样，可将其放于唛架上。

8、2、4、6 可将唛架上选中纸样作向上（8）、向下（2）、向左（4）、向右（6）、方向滑动，直至碰到其他纸样
5、7、9　　可将唛架上选中纸样进行 90°旋转（5）、垂直翻转（7）、水平翻转（9）
1、3　　可将唛架上选中纸样进行顺时针旋转（1）、逆时针旋转（3）

注：9 个数字键与键盘最左边的 9 个字母键相对应，有相同的功能；对应如下图。

1	2	3	4	5	6	7	8	9
Z	X	C	A	S	D	Q	W	E

"8+W" "2+X" "4+A" "6+D" 键跟 Num Lock 键有关，当使用 Num Lock 键时，这几个键的移动是一步滑动的，不使用 Num Lock 键时，按这几个键时，选中的样片将会直接移到唛架的最上、最下、最左、最右部分。
↑、↓、←、→可将唛架上选中纸样向上移动（↑）、向下移动（↓）、向左移动（←）、向右移动（→）（移动一个步长），无论纸样是否碰到其他纸样。

图 2-3-2

五、排料 CAD 系统快速入门

（1）单击主工具栏中的"新建"按钮，在弹出的"唛架设定"对话框中设定布封宽度（唛架宽度根据实际情况来定）及估计的大约唛架长度，最好略大一些，唛架边界可以根据实际自行设定，如图 2-3-3 所示。

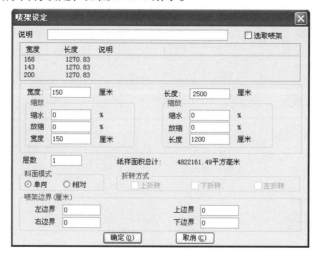

图 2-3-3

（2）单击"确定"按钮，弹出"选取款式"对话框，如图2-3-4所示。

图2-3-4

（3）单击"载入"按钮，弹出"选取款式文档"对话框，单击文件类型文本框旁的三角按钮，可以选取文件类型是DGS、PTN、PDS、PDF的文件，如图2-3-5所示。

图2-3-5

（4）单击选中的文件名，单击"打开"按钮，弹出"纸样制单"对话框。根据实际需要，可通过单击要修改的文本框进行补充输入或修改，如图2-3-6所示。

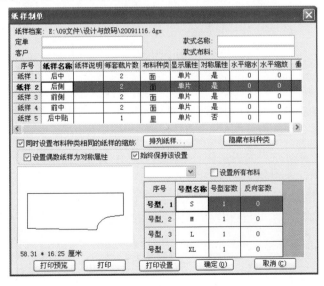

图2-3-6

（5）检查各纸样的裁片数，并在"号型套数"栏中给各码输入所排套数。

（6）单击"确定"按钮，回到上一个对话框，如图2-3-7所示。

图2-3-7

（7）再单击"确定"按钮，即可看到纸样列表框内显示纸样，号型列表框内显示各号型纸样数量。

（8）这时需要对纸样的显示与打印进行参数的设定。执行"选项"→"在唛架上显示纸样"命令，在弹出的"显示唛架纸样"对话框中单击"在布纹线上"和"在布纹线下"右边的三角箭头，勾选"纸样名称"等所需在布纹线上下显示的内容，如图2-3-8所示。

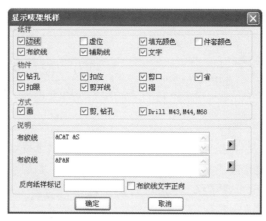

图2-3-8

（9）运用手动排料或自动排料或超级排料等，排至利用率最高最省料。根据实际情况也可以用方向键微调纸样使其重叠，或用1键或3键旋转纸样等（如果纸样呈未填充颜色状态，则表示纸样有重叠部分）。

（10）唛架即显示在屏幕上，在状态栏里还可查看排料相关的信息，在"幅长"一栏里即实际用料数，如图2-3-9所示。

图2-3-9

(11)执行"文档"→"另存为"命令,在弹出的"另存为"对话框中选择文件保存路径,保存唛架。

六、对格对条排料操作方法

对条格前,首先需要在对条格的位置上打上剪口或钻孔标记。图 2-3-10 所示的衬衫图,要求前、后幅的腰线对在垂直方向上,袋盖上的钻孔对在前左幅下边的钻孔上。

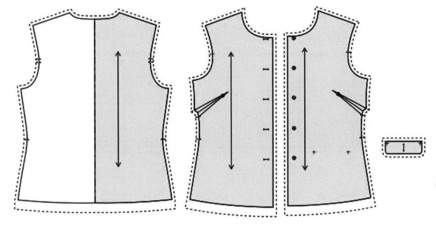

图 2-3-10

(1)单击主工具栏中的"新建"按钮，在弹出的"唛架设定"对话框中根据唛架要求进行相应设置,然后单击"确定"按钮,会弹出"选取款式"对话框,单击"载入"按钮,根据 CAD 纸样存盘路径找到所需排料的文件,选择文件,单击"打开"按钮,在弹出的"纸样制单"对话框中输入相关信息,单击"确定"按钮后会回到"选取款式"对话框,再次单击"确定"按钮即可载入纸样文件。

(2)单击"选项"按钮,在下拉菜单中选择"对格对条""显示条格"选项。

(3)执行"唛架"→"定义对格对条"命令,弹出"对格对条"对话框,如图 2-3-11 所示。

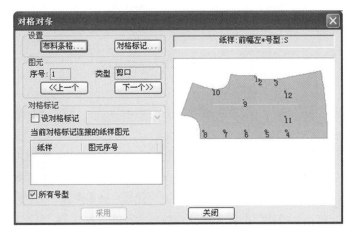

图 2-3-11

（4）单击"布料条格"按钮，在弹出的"条格设定"对话框中根据面料情况进行条格参数设定；设定好面料后单击"确定"按钮，回到母对话框，如图 2-3-12 所示。

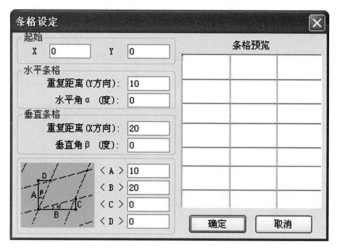

图 2-3-12

（5）单击"对格标记"按钮，弹出"对格标记"对话框，如图 2-3-13 所示。

图 2-3-13

（6）在"对格标记"对话框内单击"增加"按钮，在弹出的"增加对格标记"对话框中的"名称"框内设置一个名称如"a"，单击"确定"按钮回到母对话框；继续单击"增加"按钮，设置名称"b"，设置完成后单击"关闭"按钮，回到"对格对条"对话框，如图 2-3-14 所示。

（7）在"对格对条"对话框内单击"上一个"或"下一个"按钮，直至选中对格对条的标记剪口或钻孔，如前左幅的剪口 3，在"对格标记"中勾选"设对格标记"复选框并在下拉列表中选择标记"a"，单击"采用"按钮；继续单击"上一个"或"下一个"按钮，选择标记"11"，用相同的方法，在下拉列表中选择标记"b"并单击"采用"按钮，如图 2-3-15 所示。

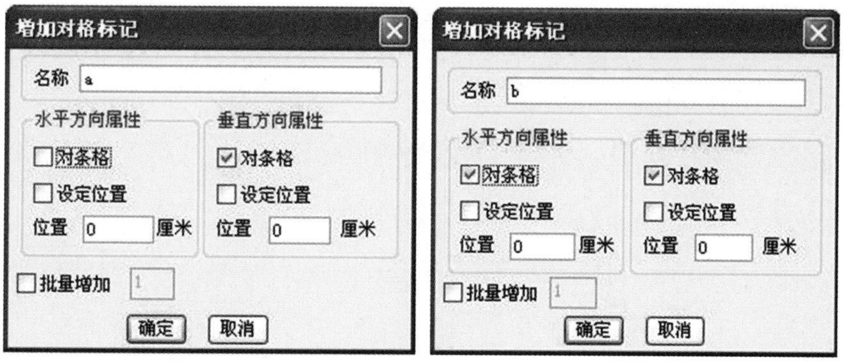

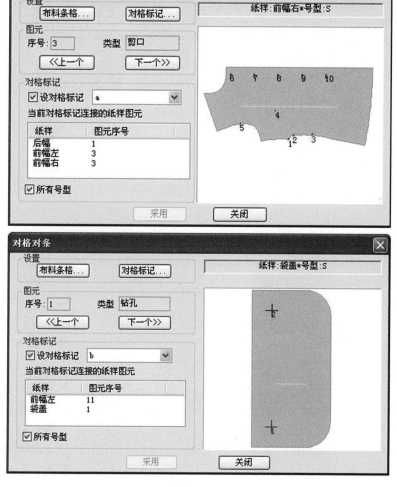

图 2-3-14

图 2-3-15

（8）选中后幅，采用相同的方法选中腰位上的对位标记，选中对位标记"a"，并单击"采用"按钮，同样设置好袋盖。

（9）单击并拖动纸样窗中要对格对条的样片到唛架上，释放鼠标。由于对格标记中没有勾选"设定位置"复选框，后面放在工作区的纸样是根据先前放在唛区的纸样对位的，如图2-3-16所示。

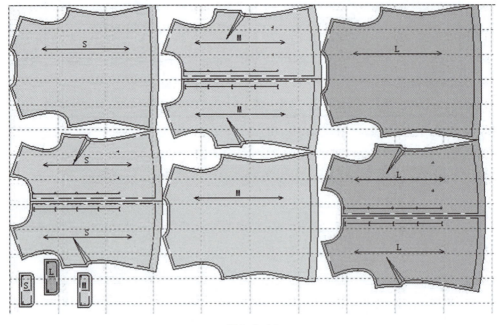

图 2-3-16

七、排料应遵循的基本原则

排料的最终目的是在保证质量的情况下尽可能地节约用料，在排料过程中需最大限度地提升面料利用率，控制生产成本，避免不必要的浪费。因此，在排料过程中应遵循以下原则。

1. 裁片数量齐全

在排料前需要检查纸样文件中裁片数量是否齐全、样板相关信息是否填写正确。

2. 注意样板纱向

根据成衣实际要求检查每一个样板的纱向标注是否准确。

3. 注意样板排料顺序

先长后短、先大后小、先主后次、凹凸相套、大小码套排。

4. 注意布料倒顺、色差

当布料有倒顺（倒顺毛、图案、文字等）时，大身一般朝一个方向进行排料，翻领一般与衣身反方向排料。如布料存在色差，应将两个相邻裁片尽量排在一起，且尽可能将色差部位避免排在主裁片处。

5. 合理切割

在不影响成衣外观质量及客户允许的情况下，可将个别部件切断进行排料，以达到节约布料的目的。

6. 床尾齐头

能否把床尾线排成齐头既是衡量排料是否合理、是否省料的基本标准之一，也是衡量样板师排料水平高低的重要参考依据。

课后思考与练习

1. 富怡服装排料 CAD 系统 V10.0 界面主要包括哪几个部分？
2. 简述富怡服装排料 CAD 系统 V10.0 排料的步骤。

第三章
直裙 CAD 样板设计实操

> **学习目标**
>
> 知识目标：
> 1. 掌握直裙 CAD 结构设计的原理；
> 2. 掌握直裙 CAD 结构设计的方法；
> 3. 掌握直裙 CAD 样板裁剪与放码的方法；
> 4. 掌握直裙 CAD 样板排料的方法。
>
> 技能目标：
> 1. 能够熟练运用 CAD 软件进行裙装款式结构设计；
> 2. 能够熟练地将直裙结构图转换为 CAD 样板并对样板进行放码；
> 3. 能够熟练运用 CAD 软件进行直裙样板排料。
>
> 素养目标：
> 1. 培养学生独立思考的能力；
> 2. 培养学生控制成本、勤俭节约的美德；
> 3. 培养学生专注执着、精益求精的工匠精神。

  裙子通常是指包裹腰部以下部位的一种女性服装款式，也可以理解为服装款式中下装的基本形式之一。一般按照裙子的长短可以将裙子划分为拖地裙、长裙、及膝裙、短裙、超短裙等；按照裙腰工艺处理方式可以将裙子划分为无腰裙、装腰裙、连腰裙等；按照裙子廓形可以将裙子划分为直筒裙、A 字裙、灯笼裙等。广义上的裙子除常规的裙子款式外，还包括裙裤及连衣裙，甚至旗袍也可以算作裙子的一种款式。

  裙子虽然款式众多，变化也很广泛，但是裙子是服装款式中最为基础的款式之一，万变不离其宗，掌握了基础裙结构变化的原理，许多问题也就迎刃而解。本章选取直裙（基础裙）作为范本讲解其 CAD 结构设计、样板裁剪与放码，以及排料的方法、步骤。

第一节　直裙 CAD 结构设计

视频：直裙结构设计

一、款式图

直裙款式为装腰型合体裙装款式，前片为一片式结构，腰部左、右各收两个省道；后片为左、右两片式结构，裙摆开衩，腰部左、右各收两个省道，后中装隐形拉链，如图 3-1-1 所示。

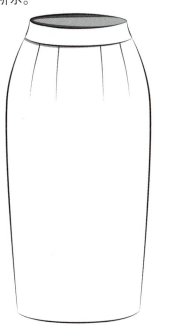
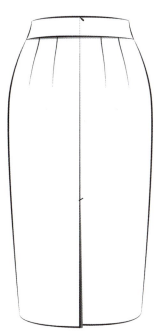

图 3-1-1

二、规格尺寸

直裙（以号型 160/68A 为例）的规格尺寸见表 3-1-1。

表 3-1-1　　　　　　　　　　　　　　　　　　cm

部位 号型：160/68A	裙长	腰围	臀围	腰头宽
净尺寸	—	68	88	—
成品尺寸	68	70	92	3

三、参考结构图、放码图（图 3-1-2）

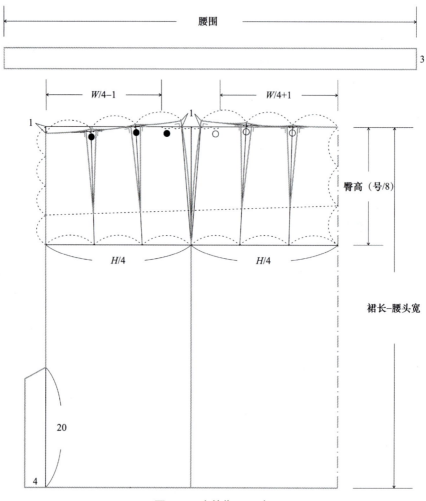

图 3-1-2（单位：cm）

四、直裙 CAD 结构设计步骤

直裙款式结构简单，计算公式规律性强，在进行结构设计时可选用公式法进行 CAD 结构设计。通过公式法进行结构设计后，在样板拾取时会自动生成其他号型样板。在主工具栏中找到"公式法自由法切换"按钮，单击该按钮，如图 3-1-3 所示。

图 3-1-3

选择"表格"菜单下的"规格表"选项，输入相应规格尺寸。基础码为 160/68A，为了方便样板放码，可根据样板尺寸变化规律输入相应尺码各部位规格尺寸。由于直裙臀高计算时需要用"号"进行计算，为了便于公式法自行放码，因此需在规格表中输入"号"的数据，如图3-1-4所示。

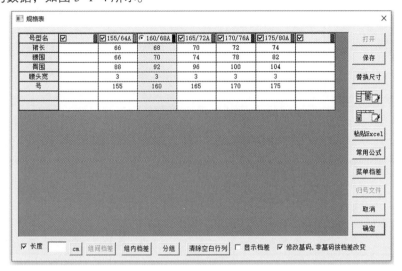

图 3-1-4

选择"智能笔"工具 ✍ 绘制矩形框，确定腰围线、裙长线、前中线、后中线；矩形宽度为胸围/2，矩形长度为（裙长/1-腰头宽/1），如图3-1-5所示。

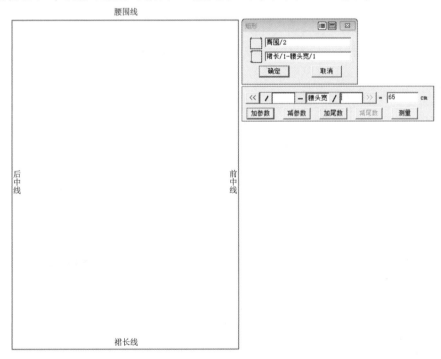

图 3-1-5

※ 使用"智能笔"工具绘制矩形的操作方法：选择"智能笔"工具 ✍，在工作区空白处按住鼠标左键框选任意大小矩形，在对话框中输入矩形长、宽即可绘制指定大小的矩形框。

使用"智能笔"工具 🖊 绘制腰围线的平行线，确定臀围线位置，平行间距为号/8，如图 3-1-6 所示。

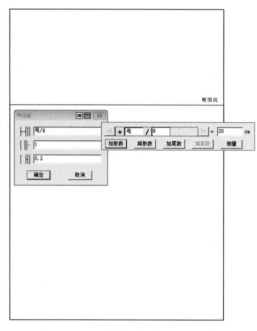

图 3-1-6

※ 使用"智能笔"工具绘制平行线的操作方法：选择"智能笔"工具，将鼠标指针放在需要作平行线的线条上，按住鼠标左键向需要平行的方向拖动，输入平行间距即可。

使用"智能笔"工具 🖊 从前中线向后中线方向作平行线，确定侧缝线位置，平行间距为臀围/4，如图 3-1-7 所示。

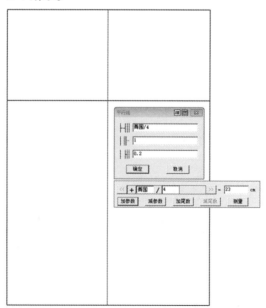

图 3-1-7

使用"智能笔"工具🖉分别在前后腰围线上量取（腰围/4-1）、（腰围/4+1），确定前、后腰围大小，如图3-1-8、图3-1-9所示。

图 3-1-8

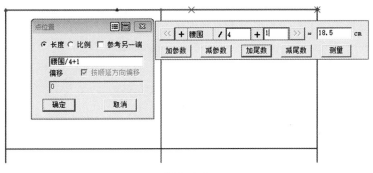

图 3-1-9

※ 使用"智能笔"工具线上找点的操作方法：选择"智能笔"工具🖉，在任意线条靠近起点处单击鼠标左键，在对话框中输入相应尺寸，单击"确定"按钮，然后用鼠标右键双击即可。

选择"等份规"工具将前后腰臀差量分成三等份。等份数可根据要求在"主工具栏"对话框中输入相应数据，如图3-1-10所示。

图 3-1-10

选择"智能笔"工具 将前后腰部 1/3 点与臀侧点相连，确定前、后片侧缝收腰量，如图 3-1-11 所示。

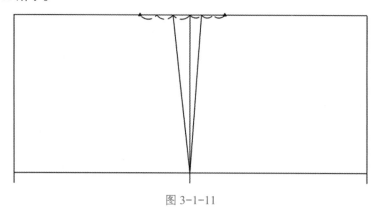

图 3-1-11

使用"智能笔"工具 将前后侧缝斜线向上延长 1 cm，如图 3-1-12 所示。

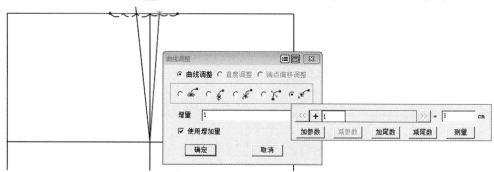

图 3-1-12

※ 使用"智能笔"工具延长缩短线段的操作方法：选择"智能笔"工具 ，按住 Shift 键，同时在线段需要延长端的端点附近单击鼠标右键，在弹出的对话框中输入需要延长的量（负数则为缩短量），单击"确定"按钮即可。

使用"智能笔"工具 分别连接前腰侧起翘点与前腰中点、后腰侧起翘点与后腰中点低落 1 cm 点，如图 3-1-13 所示。

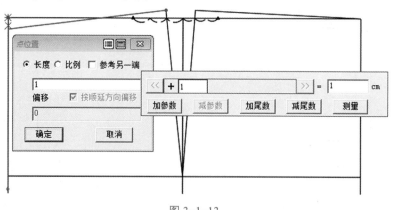

图 3-1-13

选择"等份规"工具 ⟼ 将前、后腰围斜线及前、后臀围大分成三等份,如图3-1-14所示。

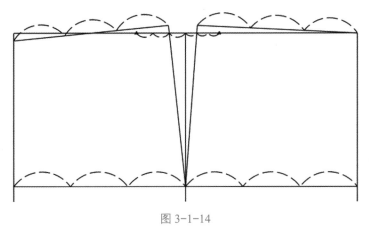

图 3-1-14

使用"等份规"工具 ⟼ 将后臀高分成四等份,将前臀高分成三等份,然后用"智能笔"工具 🖉 将后臀高下1/4点与前臀高1/3点连成斜线,确定省道长度参考线,如图3-1-15所示。

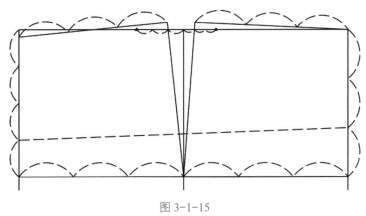

图 3-1-15

使用"智能笔"工具 🖉 绘制前、后片腰省中线,如图3-1-16所示。

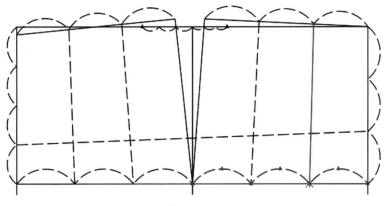

图 3-1-16

使用"智能笔"工具 ![pen] 将前、后裙片腰围线调整为弧线,并将腰省中线超出腰围线部分删除,同时在省长参考线处剪断,如图 3-1-17 所示。

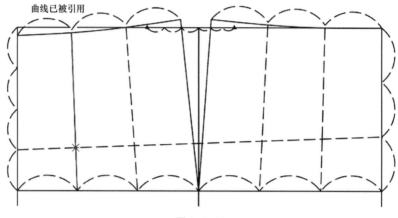

图 3-1-17

※ 使用"智能笔"工具单侧修正的操作方法:选择"智能笔"工具 ![pen],用鼠标左键框选需要修正的线段(一条或者多条),然后单击选择经过该线段的另一条线,在线段需要保留的一端单击鼠标右键确定。

※ 使用"智能笔"工具剪断线的操作方法:选择"智能笔"工具 ![pen],用鼠标右键框选需要剪断的线段,在需要剪断的点处单击"确定"按钮即可。

选择"V 形省"工具 ![tool],依次单击腰口线、省道中线(省道大小相同时可同时选择两条省道中线),在弹出的对话框中输入省道大小(省道大小与侧缝收腰量相同),如图 3-1-18 所示。确定后调整腰口弧线圆顺,如图 3-1-19 所示。

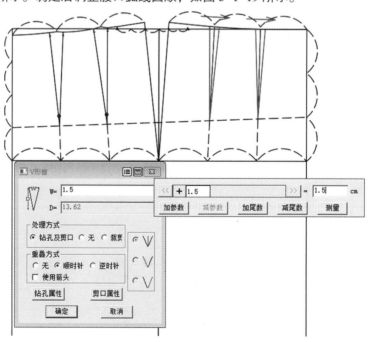

图 3-1-18

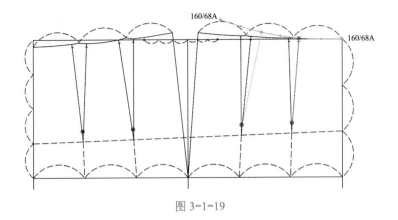

图 3-1-19

选择"智能笔"工具 ✎ 将前、后裙片腰侧绘制成弧线，如图 3-1-20 所示。

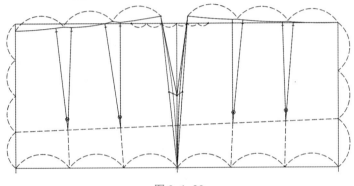

图 3-1-20

使用"智能笔"工具 ✎ 按照结构参考图尺寸绘制裙后片衩位结构，按腰头宽度、腰围尺寸绘制腰头结构，如图 3-1-21 所示。

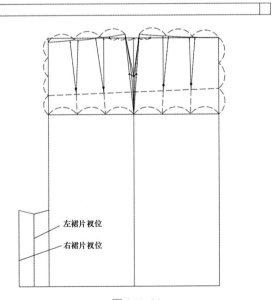

图 3-1-21

单击工具栏中的"设置线颜色和类型"按钮，选择所需的线条颜色和线条粗细，如图 3-1-22 所示；用鼠标左键单击线条更改线条类型，用鼠标右键单击更改线条颜色，完成直裙结构绘制，如图 3-1-23 所示。

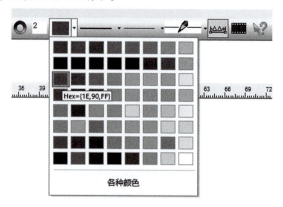

图 3-1-22

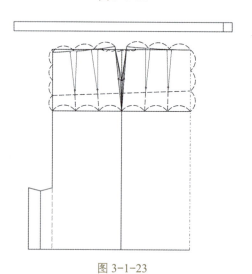

图 3-1-23

课后思考与练习

1. 富怡服装 CAD 系统 V10.0 的"智能笔"工具有哪些用法？
2. 按照表 3-1-2 所示规格尺寸进行直裙结构设计。

表 3-1-2　　　　　　　　　　　　　　　　　　　　　　　cm

号型：165/70A　部位	裙长	腰围	臀围	腰头宽
净尺寸	—	70	90	—
成品尺寸	72	72	94	3

3. 测量自己或家人相关部位的尺寸数据，并用 CAD 制板方式绘制直裙结构图。

第二节 直裙 CAD 样板裁剪与放码

一、直裙参考样板放码图（图 3-2-1）

视频：直裙样板裁剪与放码

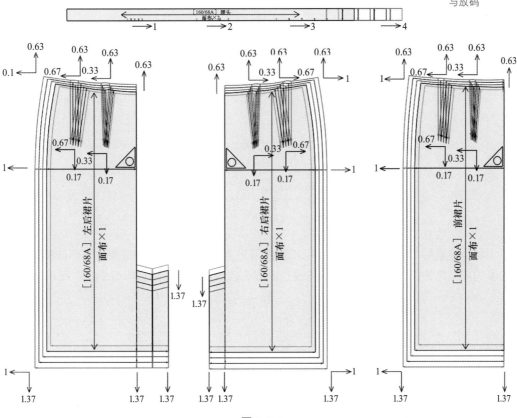

图 3-2-1

二、样板拾取

单击工具栏中的"剪刀"按钮，鼠标指针显示为，从左后裙片样板任意节点单击开始拾取样板，依次单击选择样板所有节点一周，即可得到所需样板。公式法结构设计下拾取样板后，样板会根据各部位档差量自行放码，如图 3-2-2 所示。

※ 使用"剪刀"工具拾取样板的操作方法：单击工具栏中的"剪刀"按钮，从样板的任意节点依次单击选择样板所有节点（尤其是放码点，直线选择两个端点，弧线除选择两个端点外还需在弧线中间任意位置多选择一个点）即可形成所需样板。也可以依次框选组成样板的所有外框线形成一个密闭图形拾取所需样板。

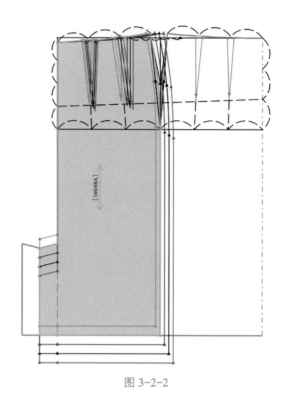

图 3-2-2

样板拾取后"剪刀"工具鼠标指针显示为，依次单击或框选裁片内部结构线。拾取的内部结构线为绿色，内部结构线也会根据档差量自动放码，如图 3-2-3 所示。

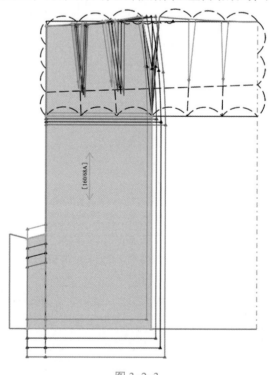

图 3-2-3

使用"剪刀"工具，依次拾取右后裙片、前裙片、腰头样板，如图 3-2-4 所示。

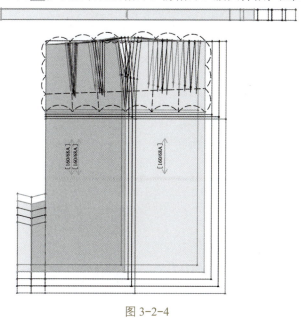

图 3-2-4

三、样板调整及属性完善

将鼠标指针放在样板上，按 Space 键抓取样板并将其移动至工作区空白处，如图 3-2-5 所示。

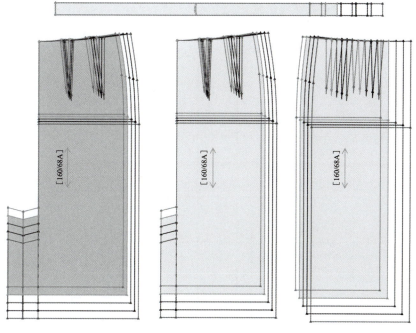

图 3-2-5

单击工具栏中的"水平垂直翻转"按钮，鼠标指针默认为垂直翻转，可按 Shift 键切换为水平翻转，将鼠标指针放置在右后裙片上单击，对右后裙片进行水平翻转，如图 3-2-6 所示。

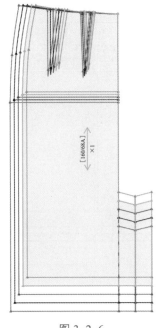

图 3-2-6

单击工具栏中的"布纹线"按钮，将所有样板布纹线根据实际要求做相应调整，如图 3-2-7 所示，单击鼠标右键可更改布纹线方向，单击鼠标左键可拖动布纹线或再次单击布纹线两端拖动更改布纹线长度。

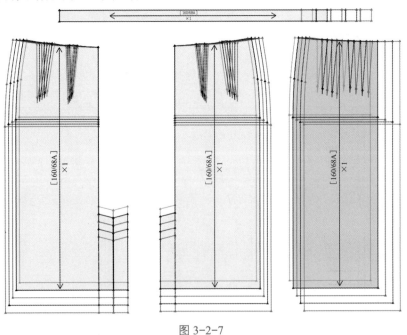

图 3-2-7

单击工具栏中的"样板对称"按钮，在"工具属性栏"对话框中选择样板对称形式，如图3-2-8所示。为虚线对称，修改样板实线部分时虚线部分会联动修改；仅用对称线及对称符号表示该样板对称；为实线对称，对称后样板为完整一片，无法联动调整。一般选择虚线对称的情况较多，如图3-2-9所示。

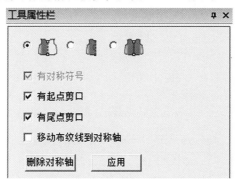

图3-2-8

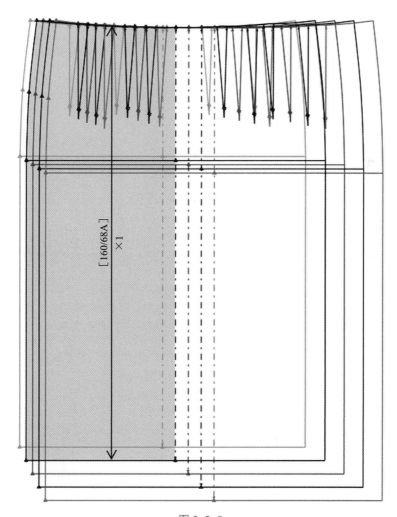

图3-2-9

双击衣片列表框右后裙片,在弹出的"纸样信息栏"对话框中输入样板名称、面料类型、样板份数等信息,并依次完成左后裙片、前裙片、腰头样板信息设置,如图 3-2-10、图 3-2-11 所示。

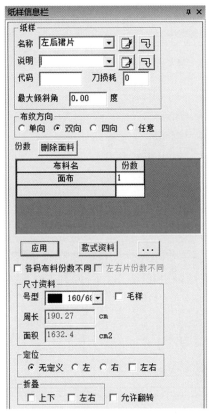

图 3-2-10

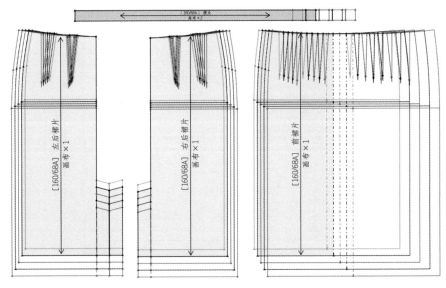

图 3-2-11

四、样板相关工艺处理

一般软件初次安装时样板缝份默认为隐藏状态,可按 F7 键将样板缝份显示出来,如样板缝份默认显示状态也可按 F7 键将其隐藏,如图 3-2-12 所示。

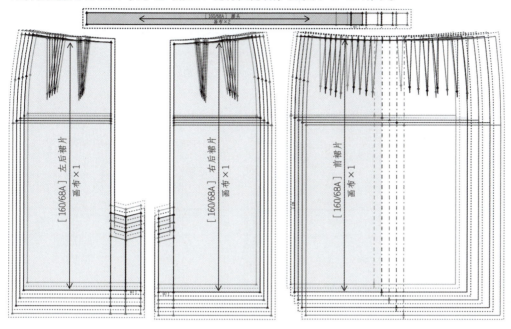

图 3-2-12

单击工具栏中的"缝份"按钮 ,根据款式工艺要求,单击需要改变缝份宽度的部位,在弹出的对话框中输入相应数据即可改变缝份宽度,同时需根据工艺需求调整缝份的折转角状态,若工艺需要也可设置缝份起始宽度不同,如图 3-2-13 所示。

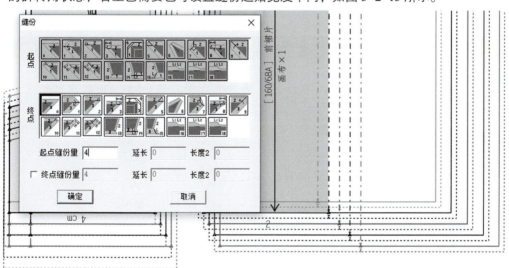

图 3-2-13

单击工具栏中的"剪口"按钮，在样板需要剪口标记的部位做好标记。省道为开省工具形成，故自动生成剪口及钻孔标志，如图 3-2-14 所示。

样板布纹线、样板信息、缝份、剪口、钻孔等全部处理完成后，则可形成直裙完整样板及放码后样板，如图 3-2-15 所示。

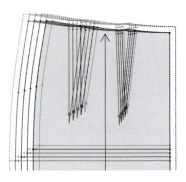

图 3-2-14

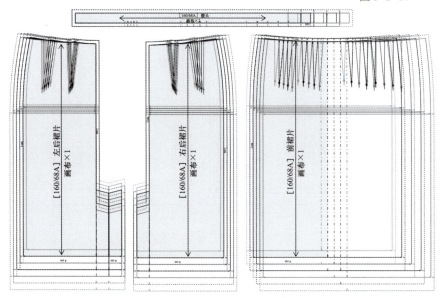

图 3-2-15

课后思考与练习

按表 3-2-1 所列规格，利用公式法完成直裙结构设计，并裁剪出相关样板，完善样板相关信息，生成完整系列样板。

表 3-2-1　　　　　　　　　　　　　　　　　　　　　　　　　　cm

号型 部位	155/60A	160/64A	165/68A （基码）	170/72A	175/76A
裙长	64	66	68	70	72
腰围	62	66	70	74	78
臀围	86	90	94	98	100
腰头宽	3	3	3	3	3

第三节　直裙 CAD 样板排料

视频：直裙样板排料

一、排料要求与说明

直裙款式结构简单，裁片较少，直裙排料可直接选择 CAD 排料系统中的自动排料功能并结合定时排料功能进行操作。

直裙样板总共设置 155/64A、160/68A、165/72A、170/76A、175/80A 五个码，假设该直裙订单为小批量订单，订单数量见表 3-3-1。

表 3-3-1

号型	155/64A	160/68A	165/72A	170/76A	175/80A
数量	1	2	2	1	1

二、排料步骤

打开富怡服装排料 CAD 系统，单击工具栏中的"新建"按钮，在弹出的"唛架设定"对话框中设定唛架宽度为 150 cm，长度设定必须大于最终唛架长度，因此，可以先预设较大尺寸，此处设置为 1 000 cm；缩水率这里暂不做要求，一般需根据实际测算得出面料缩水率方可设定；唛架层数设为 1 层，当订单数量较大时，为了控制唛架长度可调整唛架层数；料面模式设为单向；人工裁剪时，考虑到铺料时边缘会有一定误差，可适当设置一定面料边界，如图 3-3-1 所示。

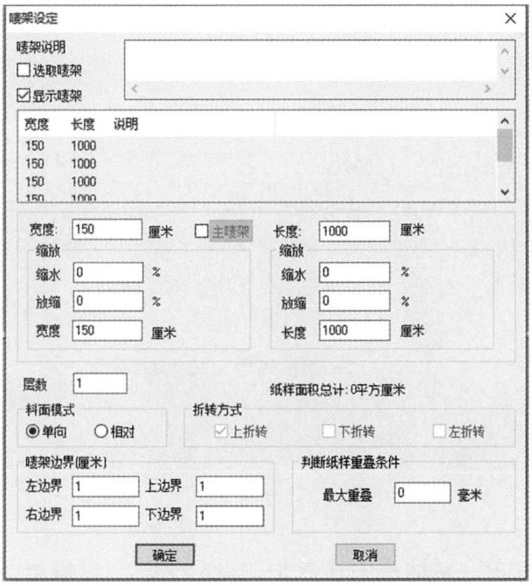

图 3-3-1

唛架设定后，单击"确定"按钮，弹出"选取款式"对话框，如图3-3-2所示。

图 3-3-2

单击"载入"按钮，弹出"打开"对话框，找到CAD样板文件存放处，选择文件"直裙CAD"后，单击"打开"按钮，如图3-3-3所示。

图 3-3-3

在弹出的"纸样制单"对话框中输入相关纸样信息。订单号、款式名称、客户名、款式布料信息如订单中有相关资料，可以输入进纸样制单，如无相关要求可不用输入。

在"号型套数"栏中按照订单要求输入相关数据,如图 3-3-4 所示。

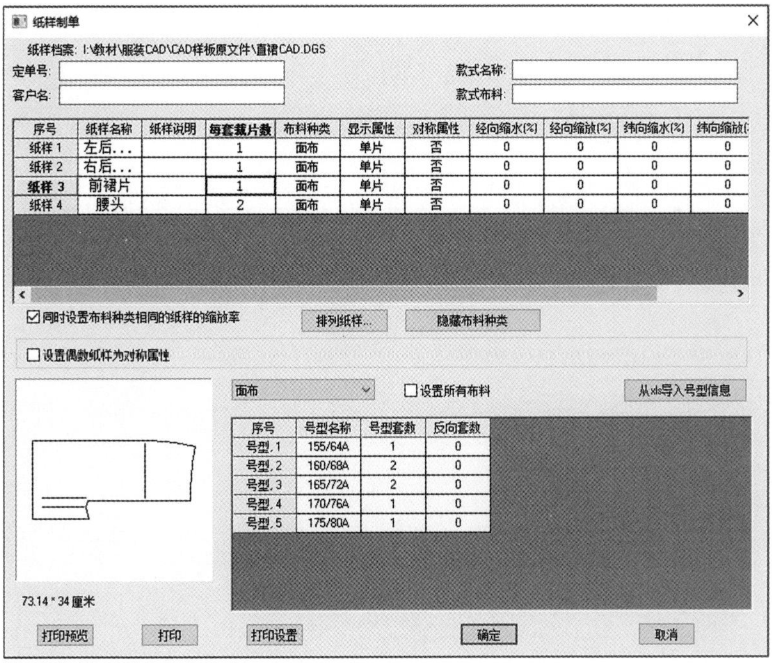

图 3-3-4

在"纸样制单"对话框中将信息输入完毕,单击"确定"按钮。由于该直裙款式腰头样板设置为 2 份,因此,会弹出对话框提示"纸样:腰头,份数为偶数片但纸样对称属性为否,是否需要修改?",可直接单击"是"按钮,如图 3-3-5 所示。

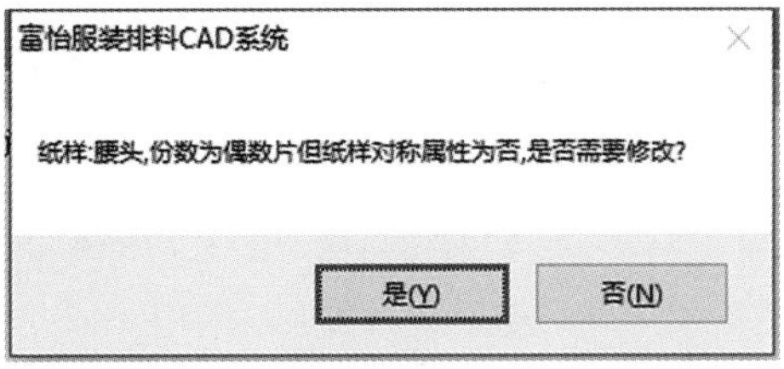

图 3-3-5

将纸样载入"选取款式"对话框后,单击"确定"按钮,如图 3-3-6 所示。

图 3-3-6

将款式纸样载入排料系统后,在纸样列表框可以看到所有纸样信息,如图3-3-7所示。

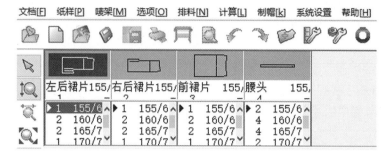

图 3-3-7

执行菜单栏中的"排料"→"开始自动排料"命令,将所有样板进行粗排,如图3-3-8所示。

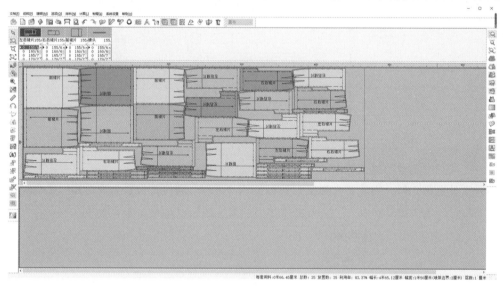

图 3-3-8

此时,面料利用率仅为83.37%,且唛架尾端空余量较多。再次执行"排料"→"定时排料"命令,弹出"限时自动排料"对话框,设定定时排料时间及最高利用率,将达到利用率时设定为"采用继续",如图3-3-9所示。

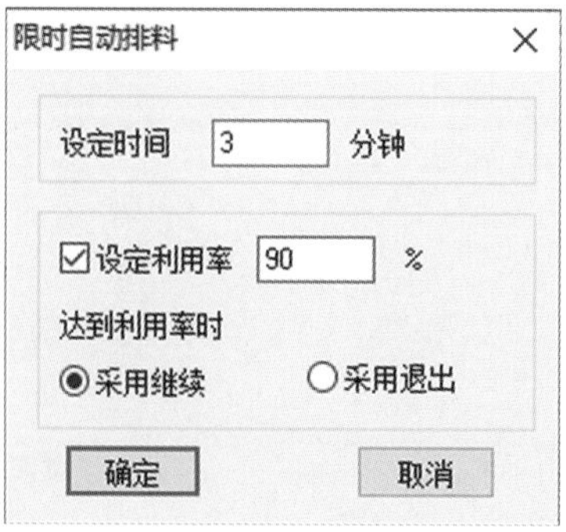

图 3-3-9

单击"确定"按钮,开始进行限时自动排料,等待达到最接近设定利用率时可单击"采用"按钮,然后再单击"结束"按钮,关闭"定时排料"对话框,如图3-3-10所示。

排料完成后,在排料系统状态栏可查看唛架利用率、幅长、幅宽等信息。在尺码列表框可看到所有号型纸样数量均为0,如图3-3-11所示。

执行菜单栏中的"文档"→"保存"命令,找到指定存盘路径,输入文件名即可保存唛架。

图 3-3-10

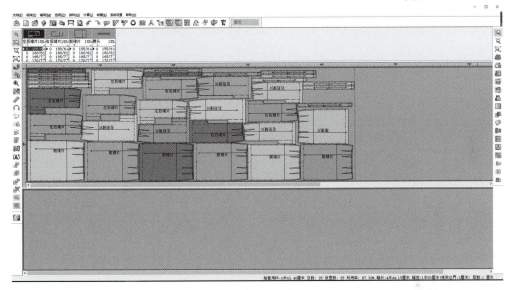

图 3-3-11

课后思考与练习

按表3-3-2所列直裙各号型订单数量,采用自动排料与定时排料相结合的方式进行排料训练。

表 3-3-2

号型	155/64A	160/68A	165/72A	170/76A	175/80A
数量	1	3	3	2	1

第四章
女西裤 CAD 样板设计实操

> **学习目标**
>
> 知识目标：
> 1. 掌握女西裤 CAD 结构设计的原理；
> 2. 掌握女西裤 CAD 结构设计的方法；
> 3. 掌握女西裤 CAD 样板裁剪与放码的方法；
> 4. 掌握女西裤 CAD 样板排料的方法。
>
> 技能目标：
> 1. 能够熟练运用 CAD 软件进行裤装款式结构设计；
> 2. 能够熟练地将女西裤结构图转换为 CAD 样板并对样板进行放码；
> 3. 能够熟练运用 CAD 软件进行女西裤样板排料。
>
> 素养目标：
> 1. 培养学生独立思考及灵活应变的能力；
> 2. 培养学生良好的职业操守；
> 3. 培养学生专注执着、精益求精的工匠精神。

裤子是包裹人体下肢部分的主要服装款式，基础版裤子结构一般由裤腰、裤裆、裤管三部分构成。裤子根据款式长短一般可分为长裤、九分裤、七分裤、五分裤、短裤等；根据着装场合一般可分为西裤、休闲裤、运动裤等；根据款式廓型一般可分为直筒裤、喇叭裤、阔腿裤、萝卜裤等。

裤子款式变化较多，但是款式结构变化相对固定，裤子结构重点需要解决好裤子与人体腰臀、裆部的结构关系。在裤原型结构的基础上，根据裤子款式结构的变化，合理运用裤原型进行结构变化即可解决相应款式造型。本章选取女西裤为范本讲解裤装款式 CAD 结构设计、样板裁剪与放码及排料的方法、步骤。

第一节　女西裤 CAD 结构设计

视频：女西裤结构设计

一、款式图

女西裤款式为装腰型合体裤装款式，前片左、右各一个褶裥，侧缝借缝开袋，前门襟装拉链；后片左、右各一个腰省，省尖处开单嵌线口袋，如图 4-1-1 所示。

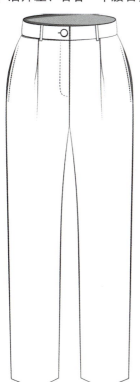
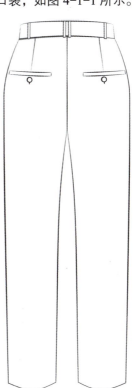

图 4-1-1

二、规格尺寸

女西裤（以号型为 160/68A 为例）的规格尺寸见表 4-1-1。

表 4-1-1　　　　　　　　　　　　　　　　　　　　　cm

部位 号型：160/68A	裤长	腰围	臀围	上裆	脚口	腰头宽
净尺寸	—	68	88	26	—	—
成品尺寸	100	70	94	28	40	3.5

三、参考结构图（图 4-1-2）

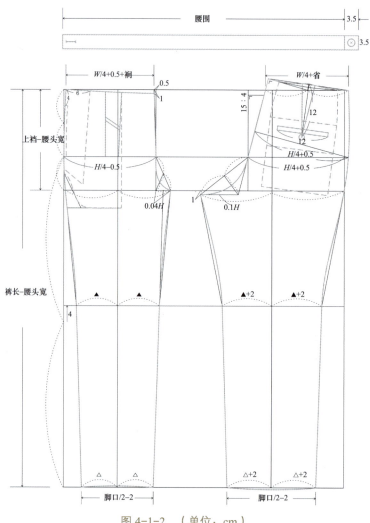

图 4-1-2　（单位：cm）

四、女西裤 CAD 结构设计步骤

女西裤款式结构简单，但是结构设计时各部位计算公式相对较复杂，在进行结构设计时为了便于操作，可选择自由法进行结构设计。

打开富怡服装设计与放码 CAD 系统，执行菜单栏"文件"→"新建"命令，在主工具栏中单击"公式法自由法切换"按钮，将工具切换为取消选择状态，此时为自由法结构设计，如图 4-1-3 所示。

图 4-1-3

单击主工具栏中的"表格"按钮,在弹出的"规格表"对话框中输入基码尺寸,基码为160/68A。设置好各码线条颜色,为了便于观察放码是否正确,相邻两个码的颜色尽可能选用对比色,如图4-1-4所示。

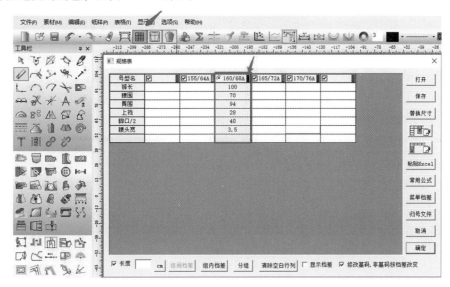

图 4-1-4

单击选择各部位基码尺寸,在规格表档差框内输入相应档差,单击"组内档差"按钮即可快速输入各号型规格尺寸,如图4-1-5所示。

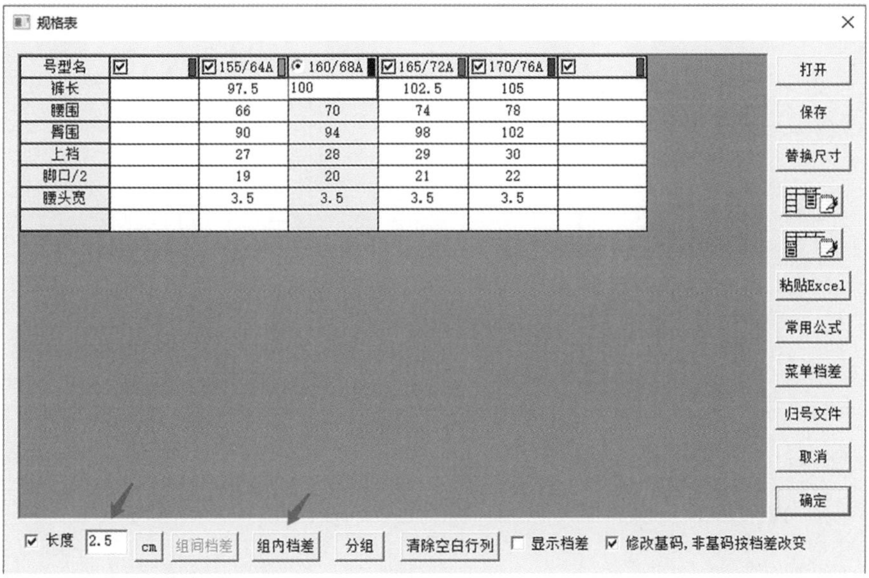

图 4-1-5

使用"智能笔"工具 ✎ 绘制矩形框,确定腰围线,裤长线,前、后片侧缝辅助线,矩形宽度为H/2+25(约),矩形长度为裤长-腰头宽。采用自由法设计时可在弹出的"矩形"对话框右上角找到"计算器"按钮,在计算器中可通过公式计算得出数据或直接用数据进行计算，如图 4-1-6 所示。

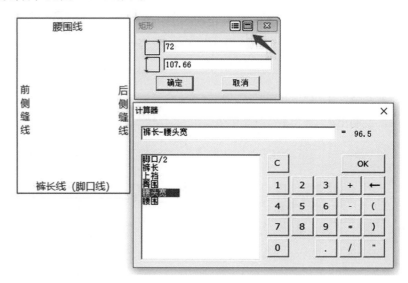

图 4-1-6

使用"智能笔"工具 ✐，根据结构参考图绘制平行线，确定上裆线、臀围线、中裆线、前中参考线、后中参考线。在绘制中裆线时可在臀围线与脚口线 1/2 处用点偏移绘制，如图 4-1-7 所示。

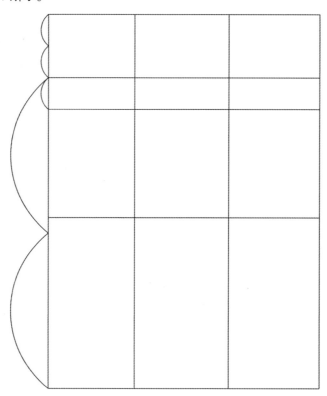

图 4-1-7

※ 使用"智能笔"工具完成点偏移的操作方法：在工具栏中单击"智能笔"按钮 ![icon]，将鼠标指针放在偏移参考点处，按 Enter 键，在弹出的对话框中按偏移的方向不同在对话框中输入相应偏移量。X 轴：右正左负，Y 轴：上正下负。输入偏移量后单击"确定"按钮，"智能笔"会拉出一条线，双击鼠标右键可以找到偏移点，直接在其他任意位置单击可以绘制线。

使用"智能笔"工具 ![icon] 将前中参考线、后中参考线以上裆线做单侧修正，保留上裆线以上部分。绘制出前小裆宽、后裆斜线、后裆宽，如图 4-1-8 所示。

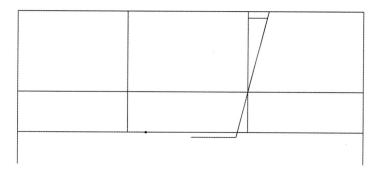

图 4-1-8

使用"等份规"工具 ![icon] 将前、后片上裆线分成两等份，再用"智能笔"工具 ![icon] 绘制出前、后片烫迹线，如图 4-1-9 所示。

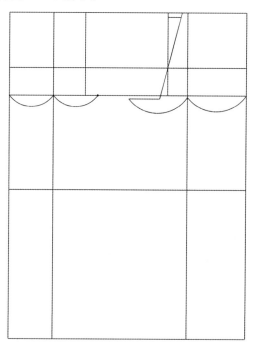

图 4-1-9

使用"智能笔"工具 ![icon] 找到前、后片脚口大小，连接前脚口大与前小裆 1/2 点，确定中裆大小，绘制出前后裤片、裤管形状，如图 4-1-10 所示。

图 4-1-10

使用"智能笔"工具 ✎ 将前裤片前中收腰 0.5 cm，连接到前臀围大，自收腰点量取 $W/4+0.5+$ 裥（4 cm）确定前裤片侧缝收腰量，前中低落 1 cm 与侧腰点连成弧线，绘制褶裥。使用"智能笔"工具 ✎ 将前臀围大与前小裆连成斜线，使用"等份规"工具 ⊢⊣ 分成两等份，使用"智能笔"工具 ✎ 连接中点与前小裆起点，再用"等份规"工具 ⊢⊣ 将斜线分为两等份，确定前小裆弧线的参考点，如图 4-1-11 所示。

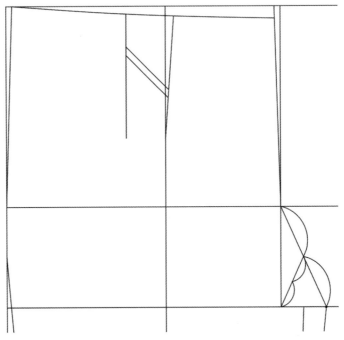

图 4-1-11

使用"智能笔"工具 ✏ 作后裆斜线的垂线，垂线长度为 $H/4+0.5$，垂线与臀围延长相交。自后裆斜线与腰围线交点向侧缝量取 $W/4+$ 省（3 cm），确定后裤片侧腰点，将侧腰点与臀围大点相连。使用"等份规"工具将后腰围大分成两等份，用"智能笔"工具 ✏ 自中点作后裆斜线的垂线，将后裆斜线延长与垂线相交，将后裤片腰围线绘制成弧线。使用"V 形省"工具自腰口弧线中点作省道，省大 3 cm、省长 12 cm，如图 4-1-12 所示。

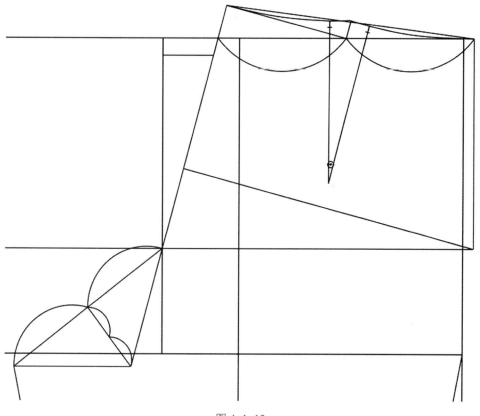

图 4-1-12

在主工具栏中将"线颜色"和"线类型"设置为所需的结构外轮廓颜色和粗细，如图 4-1-13 所示。

图 4-1-13

使用"智能笔"工具 ✏ 和"设置线类型和颜色"工具将女西裤前、后片结构外轮廓绘制完整或调整部分线条颜色和粗细，如图 4-1-14 所示。

使用"智能笔"工具 ✏ 绘制前、后裤片袋位，口袋布配件，以及腰头结构。完成女西裤整体结构设计，如图 4-1-15 所示。

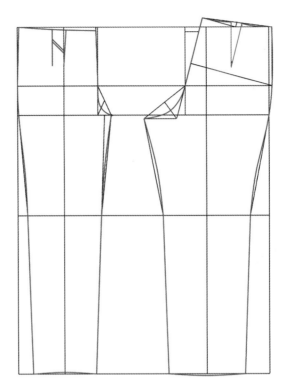

图 4-1-14

图 4-1-15

课后思考与练习

按照表 4-1-2 中的规格尺寸进行女西裤结构设计。

表 4-1-2　　　　　　　　　　　　　　　　　　　　cm

部位 号型：165/70A	裤长	腰围	臀围	上裆	脚口	腰头宽
净尺寸	—	70	90	27	—	—
成品尺寸	100	72	96	29	38	3.5

第二节　女西裤 CAD 样板裁剪

视频：女西裤样板裁剪

一、参考样板图（图 4-2-1）

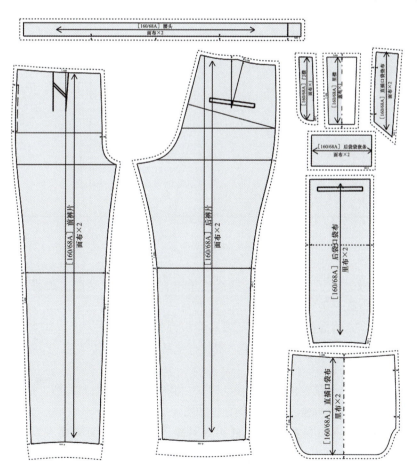

图 4-2-1

二、样板拾取

单击工具栏中的"剪刀"按钮✂,当鼠标指针显示为时,从前裤片任意节点单击开始拾取样板,已拾取的部位线条颜色为红色。拾取弧线时需单击弧线起点、弧线中间任意点、弧线终点三个点,拾取直线时只需单击起点、终点两个点。当遇到弧线或直线上有放码点时,拾取样板时必须在放码点处单击,如图4-2-2所示。

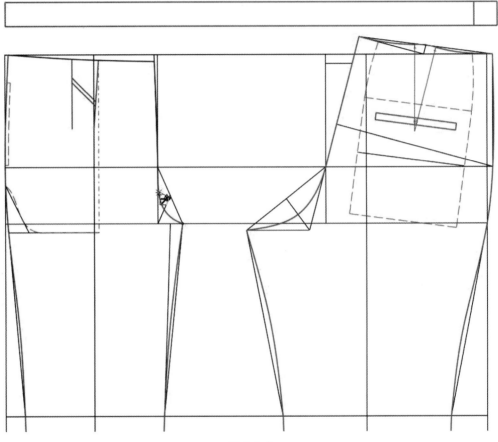

图 4-2-2

※ 拾取样板时为了方便也可以框选或单击样板外轮廓拾取,但是单击线条拾取时每个样板的第一条线必须框选,之后的每一条线单击即可。为了保证样板放码的准确性,框选或单击拾取样板时,需将样板外轮廓线在每一个放码点处剪断。另外,某一部件单独呈现时也可以直接一次性框选所有线条拾取样板,如腰头、门襟、里襟等。

当鼠标指针显示为时,单击或按住鼠标左键框选样板内部结构线,拾取样板辅助线,辅助线拾取完成后单击鼠标右键确定,如图4-2-3所示。

已拾取的样板在右侧的工具属性栏中可输入相应样板面料属性及裁片数量,如图4-2-4所示。

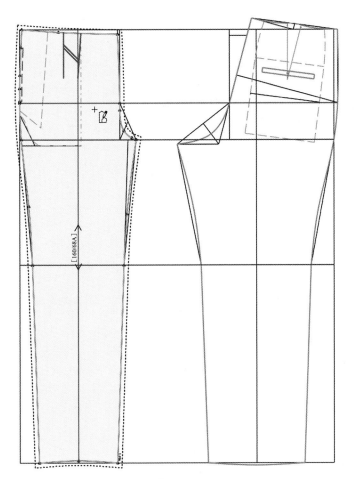

图 4-2-3

图 4-2-4

使用"剪刀"工具，依次拾取后裤片、腰头、口袋垫布、袋嵌条、口袋布等，拾取完成后将所有样板移动至工作区空白处，如图 4-2-5 所示。

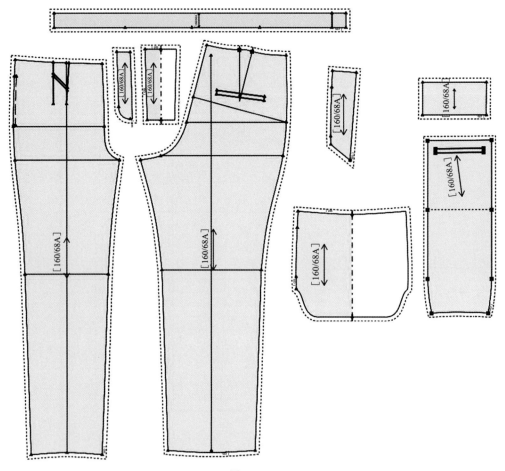

图 4-2-5

在纸样列表框相应样板处双击，如图 4-2-6 所示，在弹出的"纸样信息栏"对话框（图 4-2-7）中使用"布纹线"工具将所有样板布纹线按照要求进行相应调整。主要调整布纹线的长度与方向，如腰头、袋嵌条等，如图 4-2-8 所示。

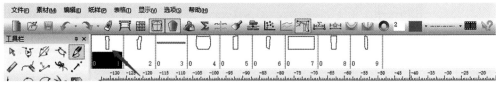

图 4-2-6

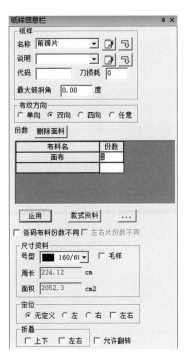

图 4-2-7

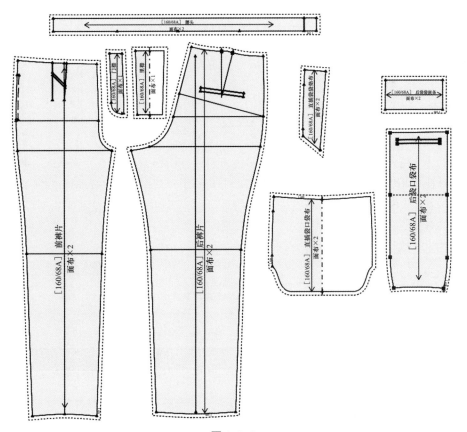

图 4-2-8

使用"缝边"工具，将裤脚口缝边调整为 4 cm，缝边的折转形式起点和终点都选择第二种方式，如图 4-2-9 所示。

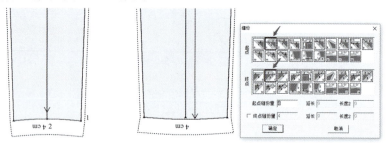

图 4-2-9

使用"剪口"工具，将所有纸样需要对位的部位打上剪口，缝份量非常规尺寸时也需打上剪口，如图 4-2-10 所示。

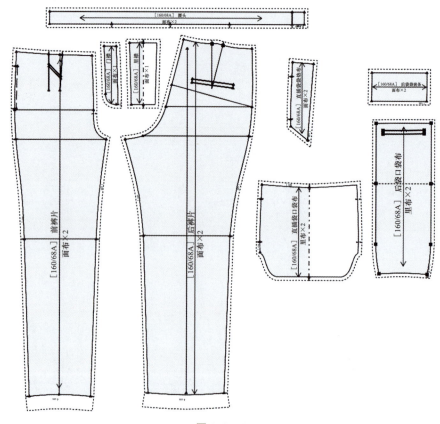

图 4-2-10

课后思考与练习

对本章第一节课后思考与练习中的女西裤结构设计图进行样板拾取，并根据生产要求完善样板相应标注。

第三节 女西裤 CAD 样板放码

一、女西裤齐码

女西裤齐码见表 4-3-1。

视频：女西裤样板放码

表 4-3-1 cm

号型 规格 部位	155/64A	160/68A （基码）	165/72A	170/76A
裤长	97.5	100	102.5	105
腰围	66	70	74	78
臀围	90	94	98	102
上裆	27	28	29	30
脚口/2	19	20	21	22
腰头宽	3.5	3.5	3.5	3.5

二、女西裤点放码参考数据（图 4-3-1）

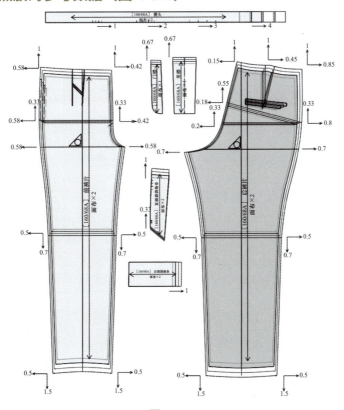

图 4-3-1

三、女西裤放码操作步骤

女西裤放码采用点放码的方式进行。在放码操作之前需将所有纸样缝份隐藏，可按 F7 键（显示隐藏缝份），为了便于观察纸样放码量是否准确，在操作时也可将所有样板的弧线点隐藏，可按"Ctrl+K"组合键（显示隐藏弧线点）。放码操作一般仅针对面布进行放码，可以先按照放码参考图设定各样板基准点。一般裤片以烫迹线和上裆线的交点为基准点，如图 4-3-2 所示。

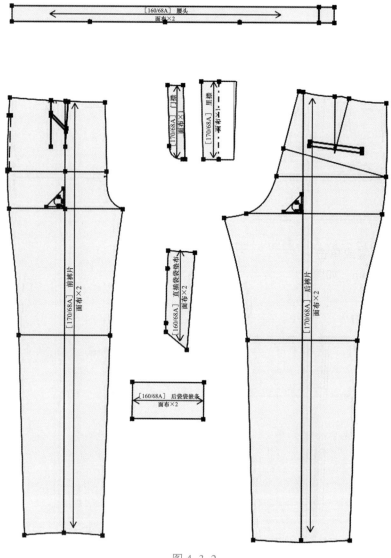

图 4-3-2

样板放码时一般先将放码数据相对确定的部位进行缩放，如裤装类款式，裤脚维度直接以脚口档差量进行计算前后片放码量。女西裤脚口 /2 档差量为 1 cm，中裆未给出具体尺寸，则档差量可与脚口一致。前、后裤片脚口与中裆放码量可按前、后烫迹线每边取脚口 /2 档差量的一半，即 0.5 cm 档差量。

使用"选择"工具框选前裤片内侧缝或外侧缝中裆和脚口放码点,在"点放码表"对话框中 155/64A 或 165/72A 的"dX"栏中输入放码量 0.5 cm,如图 4-3-3 所示。

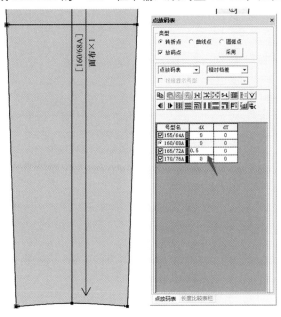

图 4-3-3

按 Enter 键或单击"点放码表"对话框中的"X 相对"按钮,则中裆与脚口外侧缝缩放 0.5 cm,如图 4-3-4 所示。

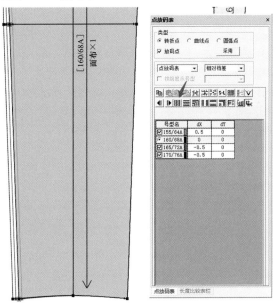

图 4-3-4

前裤片内侧缝中裆及脚口放码量与外侧缝放码量一致,可直接复制外侧缝放码量进行内侧缝中裆与脚口放码。使用"选择"工具框选外侧缝放码点,在"点放码表"对话框中找到"复制放码量"按钮,然后框选内侧缝放码点,在"点放码表"对话框中找到"粘贴 X 放码量"按钮,再单击"X 取反"按钮,即可将内侧缝中裆与脚口缩放 0.5 cm。内侧缝放码也可与前侧缝放码方法一致。若不采用复制放码量的方式,可直接选择放码点输入放码量,如图 4-3-5 所示。

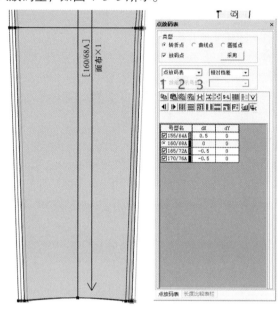

图 4-3-5

女西裤臀围档差量为 4 cm,前裤片臀围大计算公式为 $H/4-0.5$,可得出前裤片臀围大的档差量为 1 cm;前小裆计算公式为 $0.04H$,可得出前小裆的档差量为 0.16 cm,则前裤片上裆线处放码总量为 1.16 cm。以烫迹线为基准线,前裤片上裆线侧缝处、小裆处放码量均为 0.58 cm。上裆线是 Y 轴基准线,Y 轴放码量为 0。

使用"选择"工具,先单击上裆侧缝点,在"点放码表"对话框的"dX"栏中输入放码量 0.58 cm,将侧缝点缩放 0.58 cm,然后再单击选择小裆宽点,在"点放码表"对话框的"dX"栏中输入放码量 0.58 cm,将小裆宽点缩放 0.58 cm,如图 4-3-6 所示。

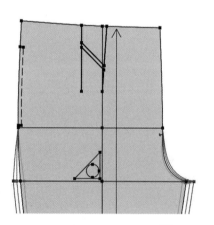

图 4-3-6

侧缝上裆线以上部分的放码量与上裆侧缝点一致，使用"选择"工具框选臀侧点和腰侧点，在"点放码表"对话框的"dX"栏中输入放码量 0.58 cm，将臀侧点和腰侧点缩放 0.58 cm，如图 4-3-7 所示。

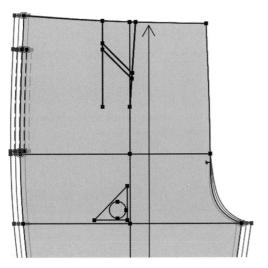

图 4-3-7

上裆档差量为 1 cm，使用"选择"工具框选前裤片腰口弧线及直插袋上端点，在"点放码表"对话框的"dY"栏中输入放码量 1 cm，将腰口弧线缩放 1 cm，如图 4-3-8 所示。

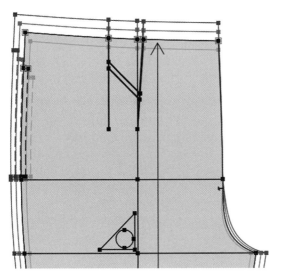

图 4-3-8

臀围大档差量为 1 cm，侧缝放码量为 0.58 cm，则前中缝档差量为 0.42 cm。使用"选择"工具框选前腰中点与前臀围大点，在"点放码表"对话框的"dX"栏中输入放码量 0.42 cm，将前中缩放 0.42 cm，如图 4-3-9 所示。

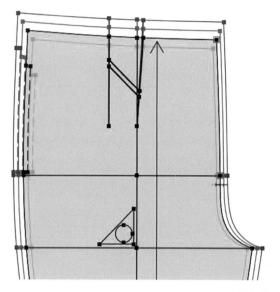

图 4-3-9

臀围线在上裆 1/3 处，则臀围线 Y 轴放码量为上裆放码量的 1/3，即 0.33 cm。使用"选择"工具框选臀围线即直插袋下端点，在"点放码表"对话框的"dY"栏中输入放码量 0.33 cm，将臀围线缩放 0.33 cm，如图 4-3-10 所示。

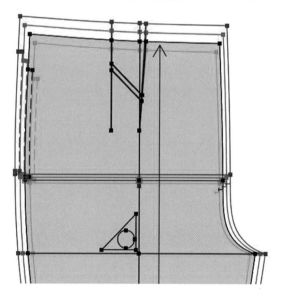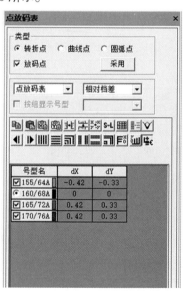

图 4-3-10

裤长档差量为 2.5 cm，将腰口弧线在 Y 轴方向缩放 1 cm，则脚口放码量为 1.5 cm，中裆则为脚口放码量的 1/2，即 0.75 cm。使用"选择"工具依次框选脚口线、中裆线，输入相应放码量，将脚口与中裆进行缩放，如图 4-3-11 所示。

若后裤片中裆、脚口放码量与前裤片相同，可在"点放码表"对话框中使用复制、粘贴放码量工具进行放码，如图 4-3-12 所示。

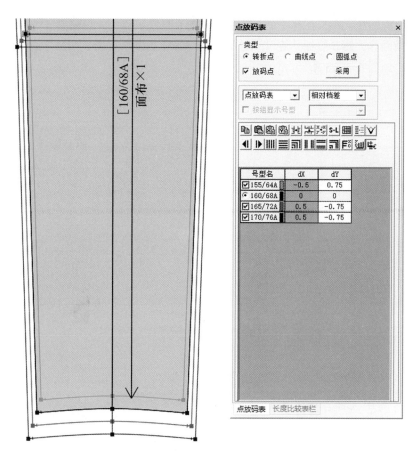

图 4-3-11

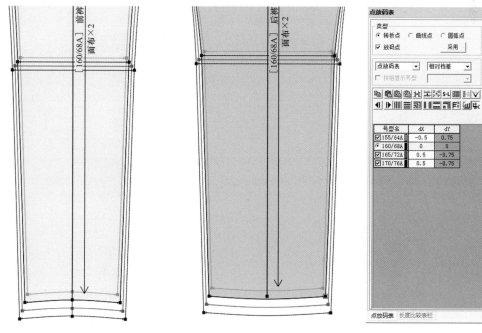

图 4-3-12

后裤片臀围线、腰口弧线 Y 轴放码量与前裤片也是一致的，可使用"选择"工具依次框选臀围线、腰口弧线，在"点放码表"对话框中使用复制、粘贴 Y 轴放码量工具进行放码，如图 4-3-13 所示。

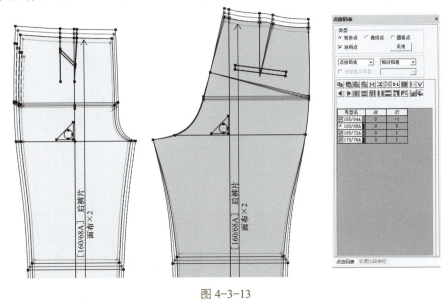

图 4-3-13

后裤片臀围大计算公式为 $H/4+0.5$，臀围档差量为 4 cm，则后臀围大放码量为 1 cm；后裆宽计算公式为 $H/10$，则后裆宽的放码量为 0.4 cm，因此后裤片上裆总放码量为 1.4 cm，以后片烫迹线为中心，后裆点、后侧点放码量均为 0.7 cm。

使用"选择"工具依次选择后裆点、后侧点，在"点放码表"对话框中输入相应放码量，对后裆点、后侧点进行缩放，如图 4-3-14 所示。

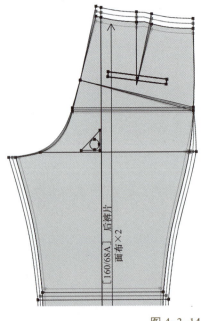

图 4-3-14

后裤片臀围线侧缝点可与上裆侧缝点放码量一致,后片臀围大放码量为 1 cm,则臀围线后中点放码量为 0.3 cm。使用"选择"工具依次选择臀侧点、臀中点,在"点放码表"对话框中输入相应放码量,对臀侧点、臀中点进行缩放,如图 4-3-15 所示。

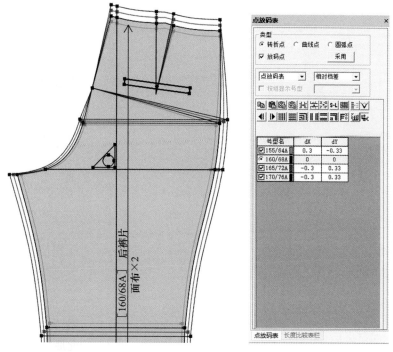

图 4-3-15

后裤片新的臀围斜线可采用平行放码的方式进行缩放,使用"辅助线平行放码"工具,单击臀围斜线及臀围斜线与后裆斜线的交点,即可对臀围斜线进行平行缩放,如图 4-3-16 所示。

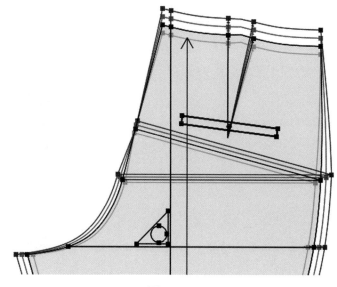

图 4-3-16

后腰围计算公式为 $W/4+$ 省，腰围档差量为 4 cm，则后腰弧线放码量为 1 cm，后腰中点靠近后片基准线，则后腰中点、后腰侧点可按比例进行分配放码量，如后腰中点放码量为 0.15 cm，后腰侧点放码量为 0.85 cm。

使用"选择"工具 依次选择后腰侧点、后腰中点，在"点放码表"对话框中输入相应放码量，即可对后腰侧点、后腰中点进行缩放，如图 4-3-17 所示。

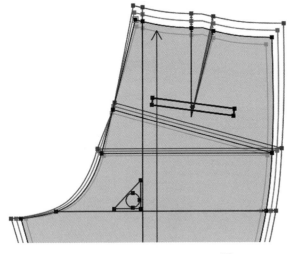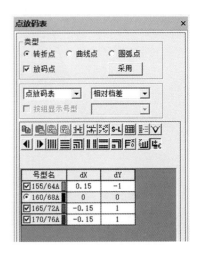

图 4-3-17

后裆斜线可采用平行放码的方式进行放码，使用"平行交点"工具 ，单击后裆斜线与臀围斜线的交点，即可对后裆斜线进行平行放码，如图 4-3-18 所示。

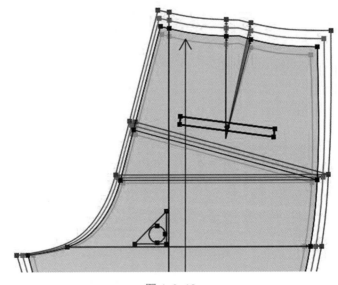

图 4-3-18

后裤片腰省一般不进行大小缩放，只需根据比例移动省道的位置即可。口袋位置可根据省道位置进行缩放，口袋大小可根据侧缝缩放比例进行缩放，如图 4-3-19 所示。

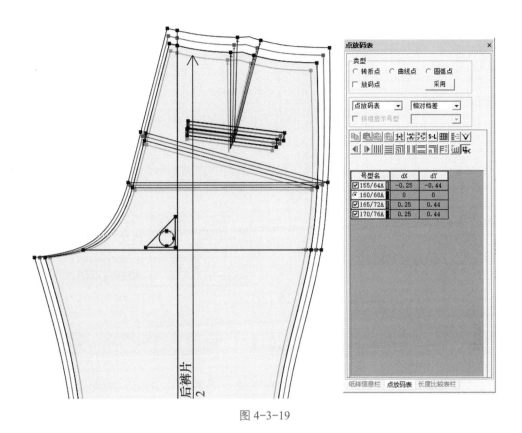

图 4-3-19

腰头放码主要针对前、后裤片对位点进行缩放，腰围档差量为 4 cm，则对位点放码量依次是 1 cm、2 cm、3 cm、4 cm。使用"选择"工具依次选择腰头放码点，在"点放码表"对话框中输入相应放码量，对腰头各部位放码点进行缩放，如图 4-3-20 所示。

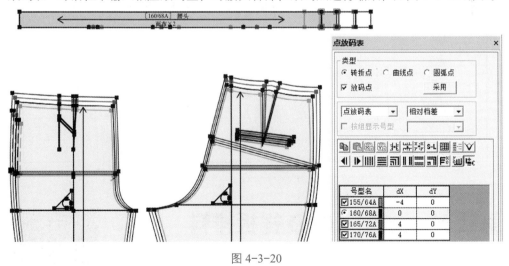

图 4-3-20

门襟、里襟、袋嵌条等部件放码量可参考前、后裤片对应放码量进行缩放，如图 4-3-21 所示。

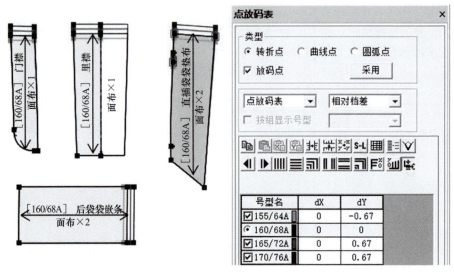

图 4-3-21

课后思考与练习

按表 4-3-2 所列规格利用自由法完成女西裤结构设计，并裁剪出相关样板，完善样板相关信息，对样板按各部位档差量进行缩放，生成完整系列样板。

表 4-3-2　　　　　　　　　　　　　　　　　　　　　　　　　　　cm

规格\部位 号型	155/64A	160/68A（基码）	165/72A	170/76A
裤长	95.5	98	100.5	103
腰围	65	69	73	77
臀围	89	93	97	101
上裆	27.5	28.5	29.5	30.5
脚口/2	20	21	22	23
腰头宽	3.5	3.5	3.5	3.5

第四节　女西裤 CAD 样板排料

视频：女西裤样板排料

一、排料要求与说明

女西裤前、后裤片裆部结构相对复杂，裁片形状不太规则，且包含面布和里布两种布料类型，因此，在女西裤排料时可以结合富怡服装排料CAD系统中自动排料、定时排料和手动调整排料的方式进行操作，以达到排料的最大利用率。

女西裤样板总共设置155/64A、160/68A、165/72A、170/76A四个码，每个码的订单数量见表4-4-1。

表 4-4-1

号型	155/64A	160/68A	165/72A	170/76A
数量	1	3	2	1

二、排料步骤

打开富怡服装排料CAD系统，单击主工具栏中的"新建"按钮，弹出"唛架设定"对话框。根据唛架要求，对排料相关参数进行设计，具体操作步骤与直裙一致。

款式载入排料系统后，先对面布进行定时排料，将唛架进行粗排，如图4-4-1所示。

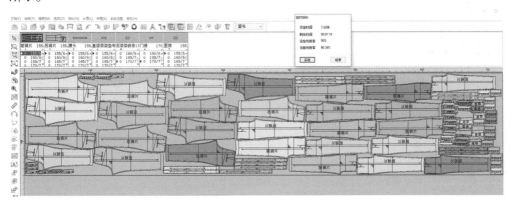

图 4-4-1

定时排料结束后，通过粗排唛架可以看到由于前、后裤片裆部的结构不规则，唛架中空白区域较多，唛架利用率不高。使用"纸样选择"工具，可将唛架尾端的部件纸样抓取拖动至唛架空白区域，适当缩短唛架长度，如图4-4-2所示。

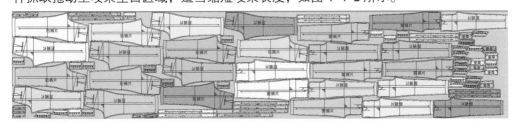

图 4-4-2

当部件全部插空排料后，如唛架利用率还是不高，则需要对部分样板再次进行调整排料，即将所有需要重新精细排料的样板框选拖动至辅唛架区，如图4-4-3所示。

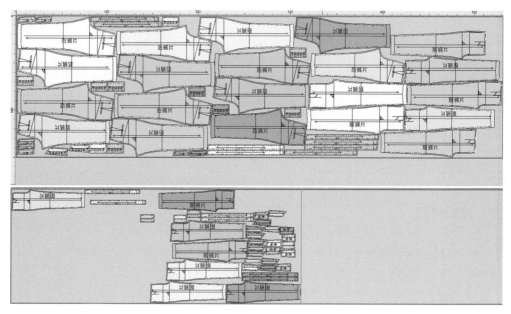

图 4-4-3

对主唛架区裁片再次进行手动精细排料调整，单击选择样板进行拖动，移动至合适的位置，可在已选择的样板上用鼠标右键进行 180°旋转，同时可根据需要将辅唛架区样板依次拖动至主唛架区，直至所有样板紧密排料在主唛架区，并且唛架利用率达到最大化，如图 4-4-4 所示。

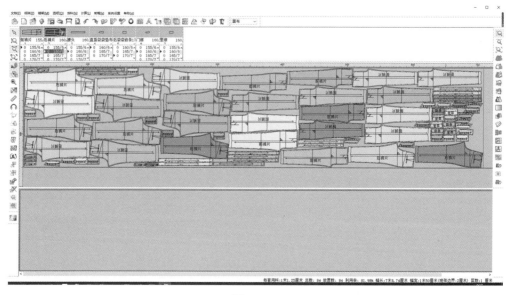

图 4-4-4

面布唛架排料完成后，在工具栏的面料选框中选择"里布"选项，将唛架切换为里布唛架排料状态，如图 4-4-5 所示。

图 4-4-5

里布样板较少且结构简单,可直接执行"排料"→"开始自动排料"命令进行唛架排料,如图 4-4-6 所示。

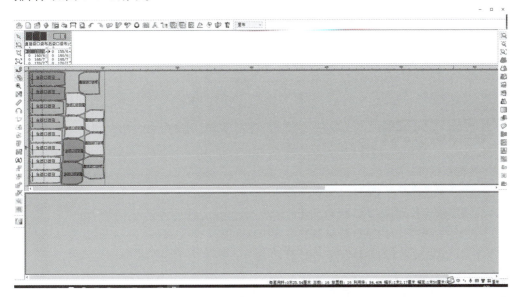

图 4-4-6

课后思考与练习

按表 4-4-2 所列女西裤各号型订单数量进行排料训练。

表 4-4-2

号型	155/64A	160/68A	165/72A	170/76A
数量	2	2	1	1

第五章
男衬衫 CAD 样板设计实操

学习目标

知识目标：
1. 掌握男衬衫 CAD 结构设计的原理；
2. 掌握男衬衫 CAD 结构设计的方法；
3. 掌握男衬衫 CAD 样板裁剪与放码的方法；
4. 掌握男衬衫 CAD 样板排料的方法。

技能目标：
1. 能够熟练运用 CAD 软件进行衬衫款式结构设计；
2. 能够熟练地将男衬衫结构图转换为 CAD 样板并对样板进行放码；
3. 能够熟练运用 CAD 软件进行男衬衫样板排料。

素养目标：
1. 培养学生独立思考及灵活应变的能力；
2. 培养学生控制成本、勤俭节约的美德；
3. 培养学生良好的职业操守。

　　欧洲文艺复兴初期以前，一般都会把衬衫当作内衣看待，主要是男性穿着的一种服装款式。现在所指的衬衫一般是介于内衣与外衣之间的服装款式。根据不同地域划分，衬衫款式可分为英式衬衫、美式衬衫、法式衬衫、意大利式衬衫等。法式衬衫、意大利式衬衫的款式均比较修身合体，采用双折袖头，配以精致的袖扣，一般正式场合的穿着以法式、意大利式衬衫为主，它们给人绅士雅致的感觉。

　　随着服装的更新换代，衬衫的款式变化也越来越多，已经不局限于男式正装衬衫，还有休闲衬衫、便装衬衫、家居衬衫、度假衬衫等。本章选取男式基础衬衫款式为范本讲解其 CAD 结构设计，以及样板裁剪与放码及排料的方法、步骤。

第一节 男衬衫 CAD 结构设计

视频：男衬衫结构设计

一、款式图

男衬衫款式为宽松型衬衫款式，采用分体式立翻领结构。前片左前胸装贴袋，门襟钉 7 粒扣（含立领的纽扣）；后片育克分割，分割线下一片结构，弧形下摆；袖子为一片式宽松袖型，袖口装袖头，开袖衩，袖衩钉纽一粒，袖口做褶裥两个，袖头钉纽两粒，如图 5-1-1 所示。

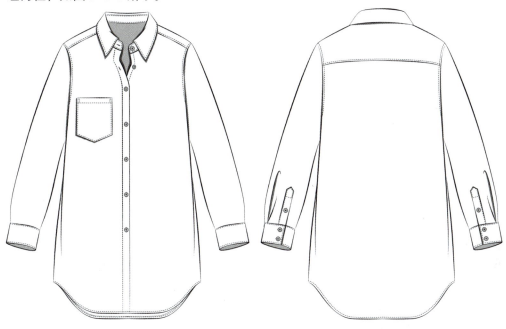

图 5-1-1

二、规格尺寸

男衬衫（以号型为 170/88A 为例）的规格尺寸见表 5-1-1。

表 5-1-1   cm

号型：170/88A 部位	后中长	胸围	肩宽	领围	前腰节长	袖长	袖口	袖头宽
净尺寸	—	88	45	39	44.5	59	—	—
成品尺寸	76	110	46	40	44.5	60	26	6

三、参考结构图（图5-1-2）

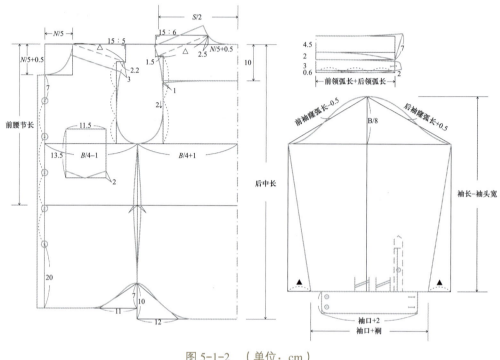

图5-1-2 （单位：cm）

四、男衬衫CAD结构设计步骤

男衬衫款式结构简单，各部位结构设计公式有一定规律性，在进行男衬衫结构设计时可以选择公式法。进行公式法结构设计时，由于需要考虑到样板自动放码的问题，所以有些部位没有具体的公式，需要自行按照一定规律编写相应的公式。

打开富怡服装CAD设计与放码系统，在主工具栏中单击"公式法自由法切换"按钮，打开公式法，在弹出的"规格表"对话框中按照尺寸要求及相关部位的档差规律输入相应尺寸数据，如图5-1-3所示。

使用"智能笔"工具 绘制后片矩形框，矩形长为后中长，矩形宽为（胸围/4+1），如图5-1-4所示。

使用"智能笔"工具 在后片矩形框的基础上向左绘制水平垂直线，水平线长为（后中长-3），垂直线长为（胸围/4-1），然后将前衣长线绘制水平线，如图5-1-5所示。

※ 使用"智能笔"工具绘制水平垂直线的操作方法：将鼠标指针放置在水平垂直线起点处，按住鼠标右键拖动鼠标即可看到水平垂直方向的线条，松开鼠标右键后再次单击鼠标右键可切换水平垂直线的方位，找到想要的水平垂直线方位后单击确定，在弹出的对话框中输入水平垂直线的长度，确定即可绘制水平垂直线。

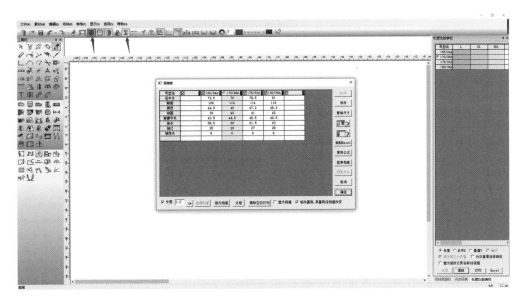

图 5-1-3

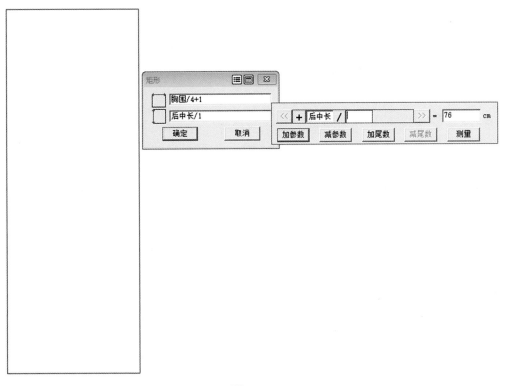

图 5-1-4

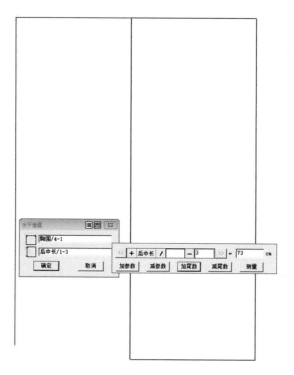

图 5-1-5

使用"智能笔"工具 向下作前、后上平线的水平线,第一条水平线的距离为胸围/4,第二条水平线的距离为前腰节长,如图 5-1-6 所示。

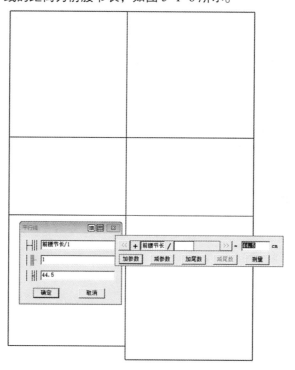

图 5-1-6

使用"智能笔"工具 ✎ 在前领口处绘制水平垂直线，确定前领宽与前领深，前领宽为领围/5，前领深为（领围/5+0.5），如图 5-1-7 所示。

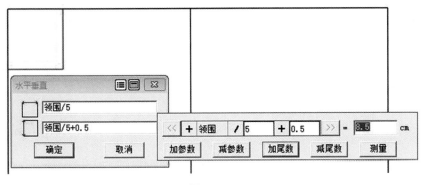

图 5-1-7

使用"智能笔"工具 ✎ 自前领侧点以 15 ∶ 5 的比值绘制出前肩斜度，如图 5-1-8 所示。

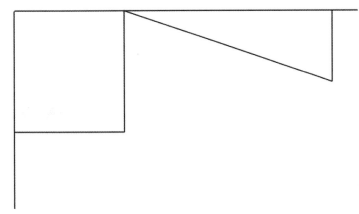

图 5-1-8

使用"智能笔"工具 ✎ 自后领中点量取（$N/5+0.5$），确定后领宽；自后领宽点向上绘制 2.5 cm 垂线，确定后领深；自后领侧点绘制 15 ∶ 6 的三角形，确定后肩斜度，如图 5-1-9 所示。

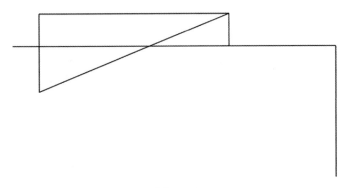

图 5-1-9

使用"智能笔"工具 ✎ 自后领中点向后肩斜线作单圆规，量取肩宽/2 的长度，确定后肩端点，如图 5-1-10 所示。

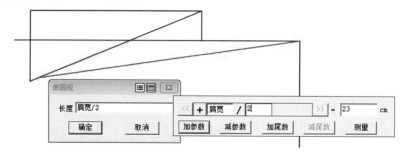

图 5-1-10

※ 使用"智能笔"工具单圆规的操作方法：将鼠标指针放置在长度线起点处，按住鼠标左键向另一条线段拖动，在弹出的对话框中输入对应长度即可绘制一条点到线的长度线。

单击"比较长度"按钮 ✎，按 Shift 键切换为"两点长度"，测量后肩长度，并在工具属性栏中将测量所得数据记录下来，如图 5-1-11 所示。

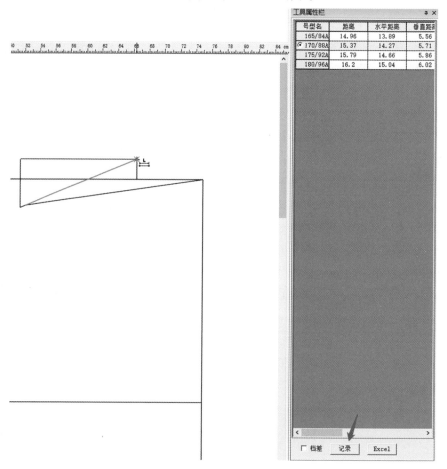

图 5-1-11

在菜单栏执行"表格"→"尺寸变量"命令可对测量的后小肩尺寸进行备注名称，如图 5-1-12 所示。

图 5-1-12

使用"智能笔"工具 ✎ 在前肩斜线上自领侧点量取"后小肩"长度，确定前肩端点，如图 5-1-13 所示。

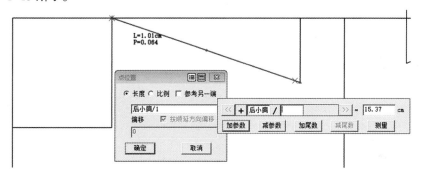

图 5-1-13

自前肩端点绘制水平线，长度为 2 cm，确定前片冲肩；自后肩端点绘制水平线，长度为 1.5 cm，确定后冲肩；自前后冲肩点向下绘制垂线，确定前胸宽线和后背宽线，如图 5-1-14 所示。

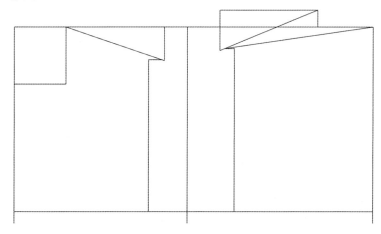

图 5-1-14

使用"等份规"工具，将前袖窿深线和后袖窿深线分别分成三等份和两等份，如图 5-1-15 所示。

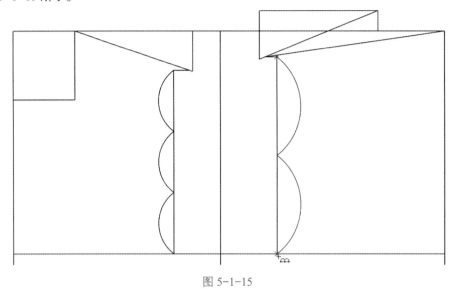

图 5-1-15

使用"智能笔"工具根据结构参考图绘制袖窿弧线，如图 5-1-16 所示。

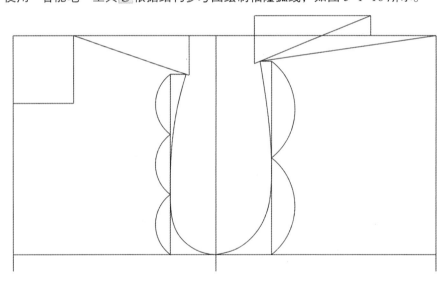

图 5-1-16

使用"智能笔"工具作前中心的平行线，平行距离为 2 cm，确定门襟宽度。按照结构参考图，将前、后领口线，侧缝线，下摆线绘制成弧线，如图 5-1-17 所示。

使用"合并调整"工具，依次单击需要拼合调整的线，如前领口弧线、后领口弧线，单击鼠标右键确定；再依次单击合并的线，如前肩线、后肩线，调整曲线弧线点，两条弧线完全圆顺，单击鼠标右键确定。重复以上操作步骤，依次检查领口弧线、袖窿弧线、下摆弧线是否圆顺，如图 5-1-18 所示。

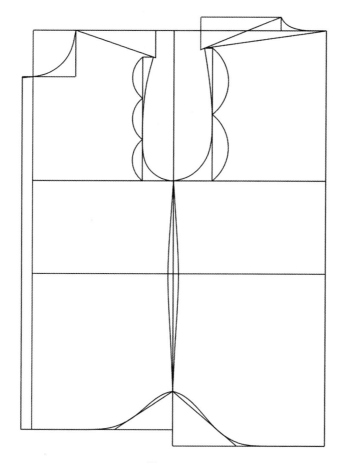

图 5-1-17

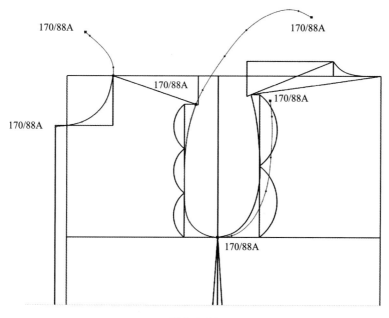

图 5-1-18

使用"智能笔"工具 ✎ 绘制后育克分割线，以及育克前借肩分割线，数据参照结构参考图，如图 5-1-19 所示。

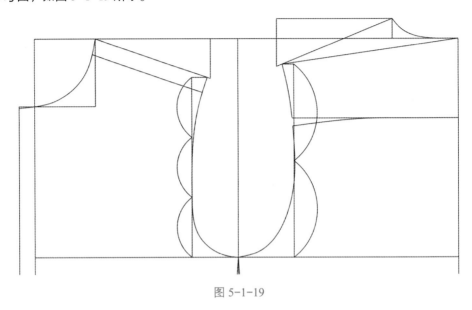

图 5-1-19

使用"移动旋转复制"工具，依次单击前肩斜线、后肩斜线，再依次单击后育克前借肩量的结构线，单击鼠标右键确定，即可将前借肩量拼合到后育克上，如图 5-1-20 所示。

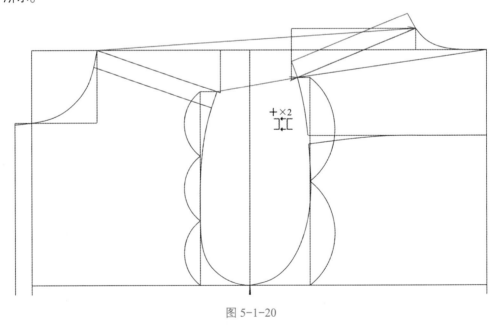

图 5-1-20

使用"智能笔"工具 ✎，按照参考结构图将前片贴袋绘制出来，如图 5-1-21 所示。

使用"比较长度"工具，分别测量前领口弧线长度（不包含门襟宽度）、后领口弧线长度，将测量所得数据记录下来，并在"尺寸变量"菜单中备注名称，如图 5-1-22 所示。

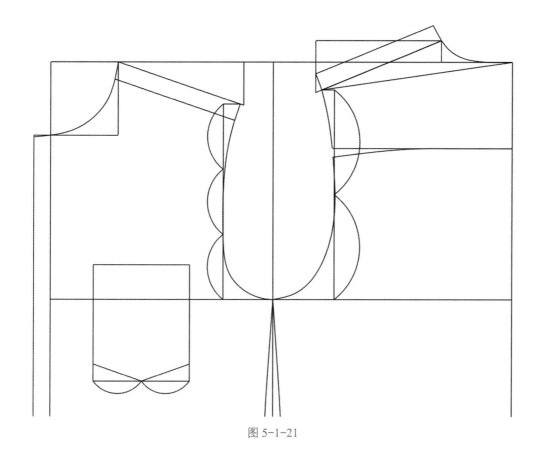

图 5-1-21

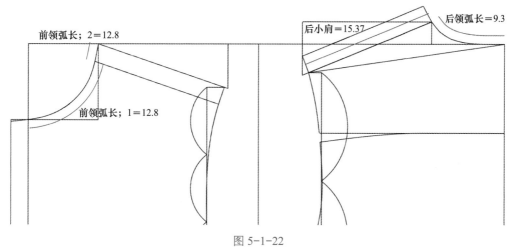

图 5-1-22

使用"智能笔"工具，参考结构图数据，按照前、后领口弧线长度绘制立翻领结构，如图 5-1-23 所示。

使用"比较长度"工具，分别测量前、后袖窿弧长，将测量所得数据记录下来，并在"尺寸变量"菜单中备注名称，如图 5-1-24 所示。

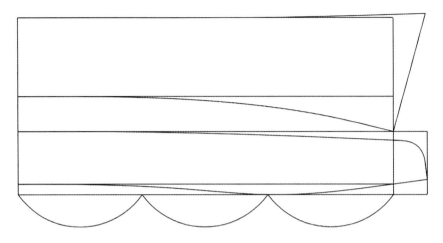

图 5-1-23

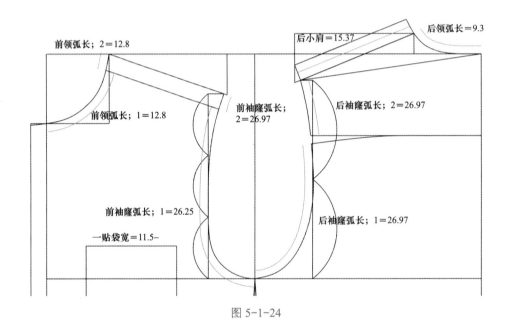

图 5-1-24

使用"智能笔"工具 ✏ 绘制垂直线,长度为胸围/5,确定袖山高,如图 5-1-25 所示。

图 5-1-25

使用"智能笔"工具 ✐ 自袖山顶点向下画垂线，垂线长度为（袖长/1-袖头宽/1），如图5-1-26所示。

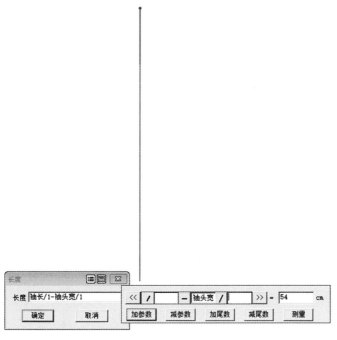

图 5-1-26

使用"CSE圆弧"工具 ⌒，按Shift键切换为"圆"，以袖山顶点为圆心，分别以（前袖窿弧长-0.5）cm、（后袖窿弧长+0.3）cm为半径画两个圆，如图5-1-27所示。

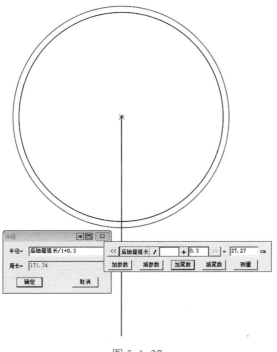

图 5-1-27

使用"智能笔"工具 ✎ 以袖山高点为起点向左画水平线，与半径为（前袖窿弧长 -0.5）cm 的圆相交，向右画水平线，与半径为（后袖窿弧长 +0.3）cm 的圆相交，即得到袖肥的大小。使用"比较长度"工具 测量袖肥长度，并记录下来，在"尺寸变量"菜单中修改备注名称，再将袖山顶点与袖肥线的两个端点相连，如图 5-1-28 所示。

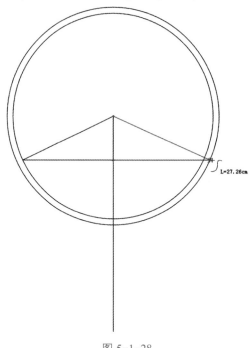

图 5-1-28

使用"智能笔"工具 ✎ 绘制平行线，经过袖山高点作袖山深线的平行线，再以"袖长 /1- 袖头宽 /1"的长度作袖山高线的平行线，如图 5-1-29 所示。

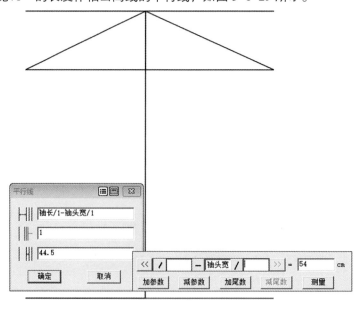

图 5-1-29

使用"智能笔"工具 ✏️ 以袖口线两端点向内量取（袖肥/2- 袖口/2-5）cm（褶裥），确定袖口大小，与袖肥线两端点相连，绘制前后袖底线，如图 5-1-30 所示。

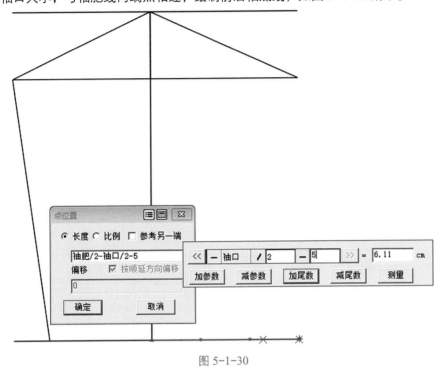

图 5-1-30

使用"智能笔"工具 ✏️，按结构参考图绘制袖山弧线、袖衩位、褶裥位，如图 5-1-31 所示。

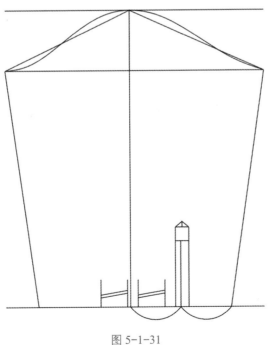

图 5-1-31

使用"智能笔"工具 ✎ 绘制矩形框，矩形长度为（袖口/1+2）cm，袖头宽度为 6 cm，确定袖头结构，用"圆角"工具将袖头调整为圆角，如图 5-1-32 所示。

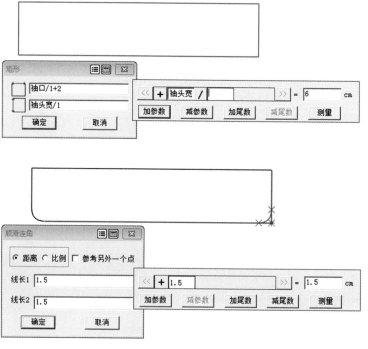

图 5-1-32

使用"钻孔"工具 ⊙，在门襟处标注纽扣位置，以前领中点为起点，按住鼠标左键拖动，在前中心任意位置单击，以下摆中点为终点，选择纽扣参考线，在弹出的"线上钻孔"对话框中输入相应数据，如图 5-1-33 所示，标注前中纽扣数量与位置。

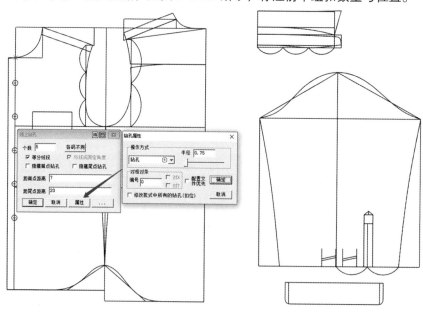

图 5-1-33

按照以上步骤对袖衩、袖口部位的纽扣位置进行标注，如图 5-1-34 所示。

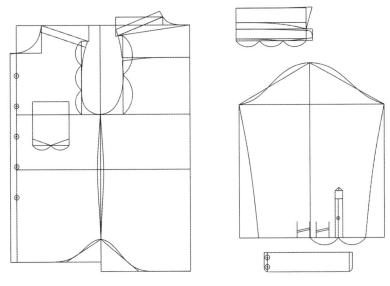

图 5-1-34

使用"扣眼"工具，按照"钻孔"工具的操作方法对领座、袖头的扣眼位置进行标注，如图 5-1-35 所示。

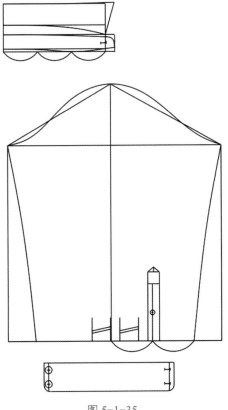

图 5-1-35

使用"设置线类型和颜色"工具，对男衬衫结构图外轮廓线条粗细和颜色进行相应调整，完成男衬衫结构设计，如图 5-1-36 所示。

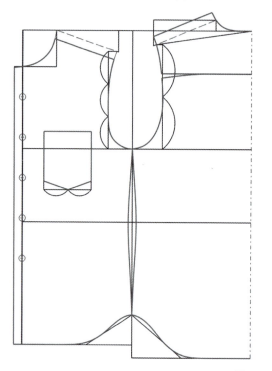
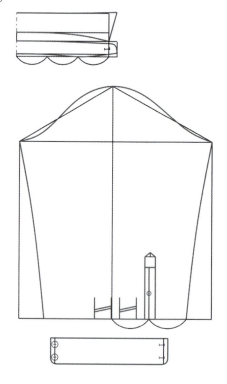

图 5-1-36

课后思考与练习

按照表 5-1-2 所列规格尺寸进行男衬衫结构设计。

表 5-1-2　　　　　　　　　　　　　　　　　　　cm

部位 号型：170/88A	后中长	胸围	肩宽	领围	前腰节长	袖长	袖肥	袖口	袖头宽
净尺寸	—	88	45	39	44.5	60	—	—	—
成品尺寸	74	108	46	40	44.5	61	45	26	6

第二节　男衬衫 CAD 样板裁剪与放码

视频：男衬衫样板裁剪与放码

一、男衬衫参考样板放码图（图 5-2-1）

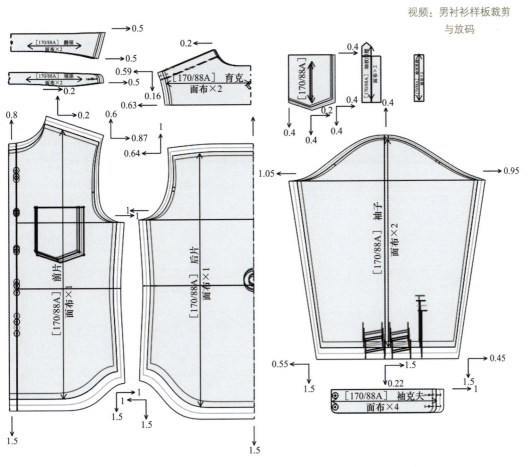

图 5-2-1

二、样板拾取

由于男衬衫结构设计采用公式法进行，在拾取样板时样板会根据不同规格号型进行自动放码，为了便于样板拾取时观察，可打开工具栏中的"规格表"工具，将除基码外的其他码先取消选择，这样样板拾取后暂时只显示基码，如图 5-2-2 所示。

使用"剪刀"工具，依次拾取前片、后片、育克、贴袋等所有样板，并将主要内部辅助线一并拾取，如图 5-2-3 所示。

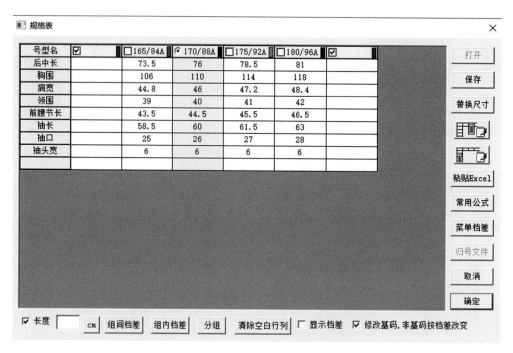

图 5-2-2

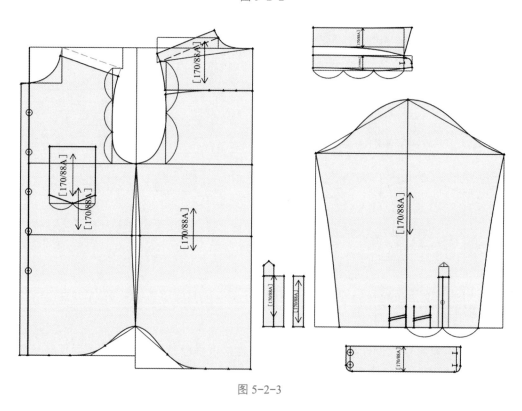

图 5-2-3

将鼠标指针放置在任意样板上，按 Space 键将所有样板依次移动至工作区空白处，所有样板有序排列整齐，如图 5-2-4 所示。

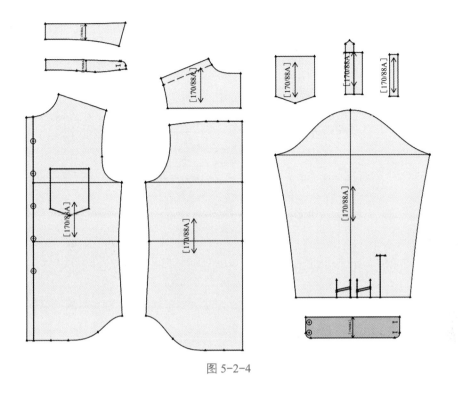

图 5-2-4

选择"布纹线"工具 ，对部分样板的布纹线方向进行调整，如翻领、领座、育克、袖头布纹线与衣身布纹线垂直，将所有样板的布纹线长度调整为净样板长度，如图 5-2-5 所示。

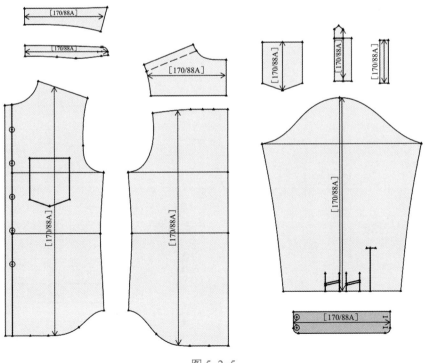

图 5-2-5

使用"纸样对称"工具，在工具属性中选择一种纸样对称的方式，将翻领、领座、育克、后片设置为对称纸样。一般为了便于纸样修改，通常会选择虚线对称或对称符号表示，如图5-2-6所示。

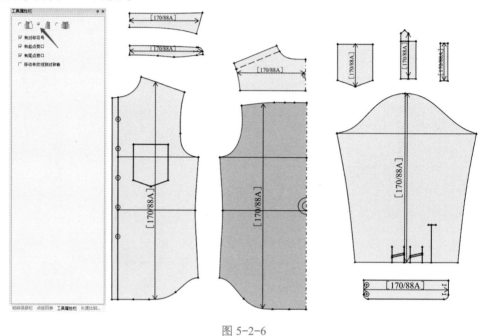

图5-2-6

在纸样列表框双击任意样板，在弹出的"纸样信息栏"对话框中填入样板的相关信息，单击"应用"按钮，对纸样信息加以完善。依次在纸样列表框双击所有样板，对所有样板相关信息进行完善，如图5-2-7所示。

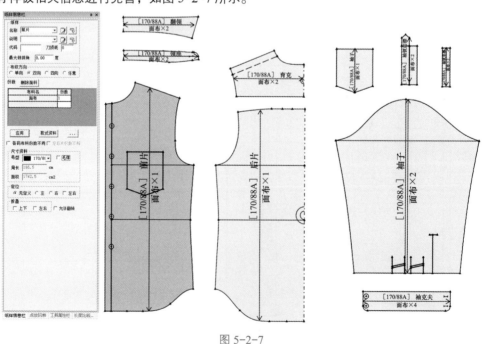

图5-2-7

按 F7 键显示所有样板缝份，使用"缝份"工具对样板需要调整缝份宽度的部位进行缝份调整，如贴袋袋口、门襟缝边、下摆等，调整缝份宽度后需根据工艺要求设置缝份折转角状态，如图 5-2-8 所示。

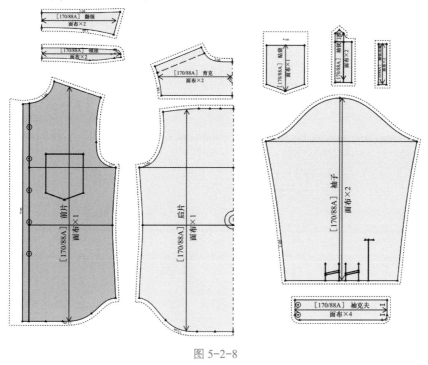

图 5-2-8

使用"剪口"工具在样板需要对位或者标记的部位放置剪口，如图 5-2-9 所示。

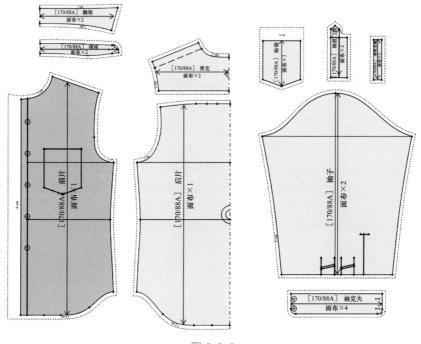

图 5-2-9

使用"袖对刀"工具，从袖山顶点开始依次单击前袖窿弧线（有几条线就单击几条线，注意起点、终点收尾相连），单击鼠标右键确定，再依次单击前袖山弧线（有几条线就单击几条线，注意起点、终点收尾相连），单击鼠标右键确定。重复以上步骤，依次单击选择后袖窿弧线及后袖山弧线，在弹出的对话框中输入前、后袖窿弧线的对位点，以及前、后袖山弧线的容量，单击"确定"按钮，即可生成袖窿弧线与袖山弧线的对刀点，如图5-2-10所示。

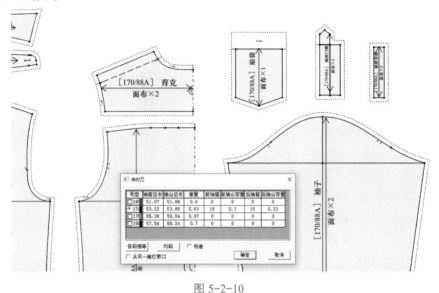

图 5-2-10

按F7键，将所有样板缝份隐藏，打开工具栏的"规格表"对话框，将所有号型全部选中，如图5-2-11所示。

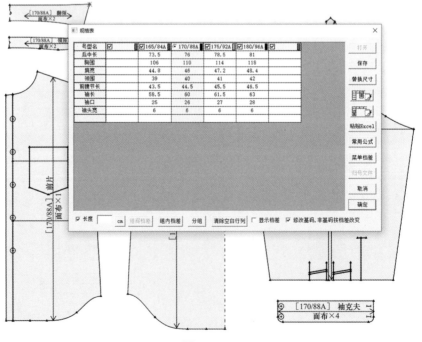

图 5-2-11

在"规格表"对话框中选中所有号型后,工作区中所有的样板均已根据号型各部位的档差及结构设计各部位的计算公式进行自动放码,如图 5-2-12 所示。

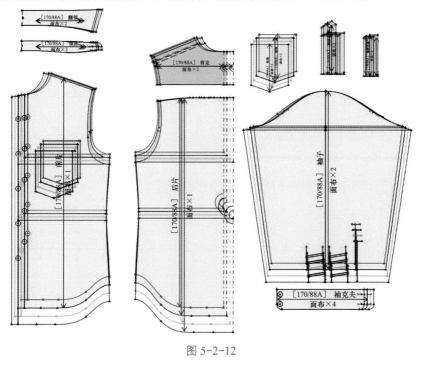

图 5-2-12

自动放码的样板基准点不规范,不便于观察放码量是否正确,使用"各码对齐"工具 ,在每个样板的对应基准点处单击,可将样板以基准点对齐,如图 5-2-13 所示。

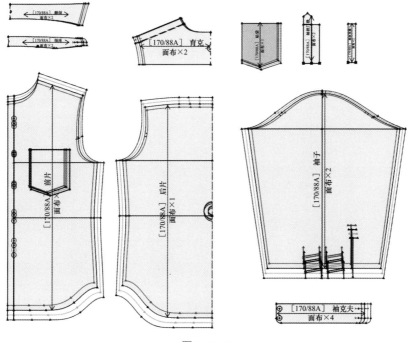

图 5-2-13

所有样板以基准点对齐之后，从放码图可以发现部分样板的布纹线也会随着样板进行缩放，如不希望布纹线放码，可使用"布纹线"工具 在工具属性栏中单击"纸样布纹线放码量清零"按钮，再选择"工作区中所有纸样"选项，单击"确定"按钮即可清除布纹线放码，如果想布纹线延长至边线，也可以单击"延长布纹线至边线"按钮，如图 5-2-14 所示。

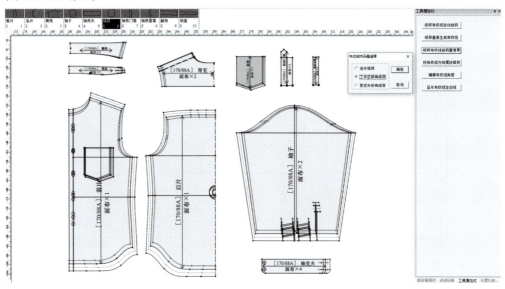

图 5-2-14

课后思考与练习

按表 5-2-1 所列规格，利用公式法完成男衬衫结构设计，并裁剪出相关样板，完善样板相关信息，生成完整系列样板。

表 5-2-1   cm

号型 规格 部位	165/84A	170/88A （基码）	175/92A	180/96A
后中长	73	75	77	79
胸围	104	108	112	116
肩宽	44.8	46	47.2	48.4
领围	41	42	43	44
前腰节长	43.5	44.5	45.5	46.5
袖长	59.5	61	62.5	64
袖口	25	26	27	28
袖头宽	6	6	6	6

第三节　男衬衫 CAD 样板排料

一、排料要求与说明

视频：男衬衫样板排料

男衬衫款式结构相对较为简单，样板结构较为方正，在服装产品中衬衫类款式采用条格面料的情况较多，因此，男衬衫 CAD 样板排料将采用对格对条的方式进行。

男衬衫样板总共设置 165/84A、170/88A、175/92A、180/96A 四个码，各码订单数量见表 5-3-1。

表 5-3-1

号型	165/84A	170/88A	175/92A	180/96A
数量	1	1	1	1

假设男衬衫面料条格大小为 5 cm×5 cm，在进行排料之前需要弄清楚各样板所需对格对条的标记点位，如图 5-3-1 所示。

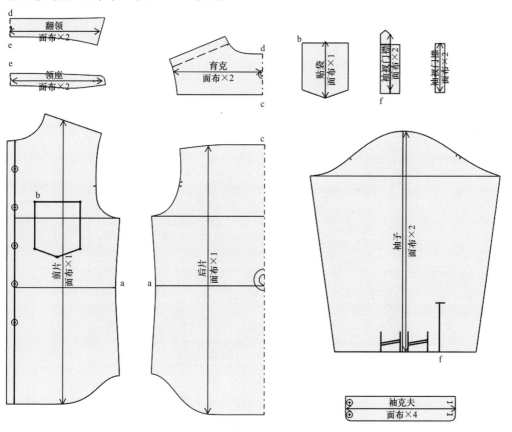

图 5-3-1

二、排料步骤

打开富怡服装排料CAD系统，单击主工具栏中的"新建"按钮，弹出"唛架设定"对话框。根据唛架要求，对排料相关参数进行设计。

款式载入排料系统后，先在排料系统菜单栏执行"唛架"→"定义对格对条"命令，如图5-3-2所示。

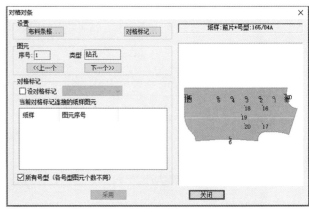

图 5-3-2

单击"布料条格"按钮，在弹出的"条格设定"对话框中，将条格的X、Y均设置为5，如图5-3-3所示。

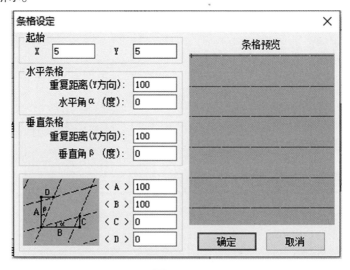

图 5-3-3

条格设定好之后，单击"确定"按钮，退回"对格对条"对话框，再次单击"对格标记"按钮，单击"增加"按钮，在"增加对格标记"对话框中输入对位标记代号，如

"a"，单击"确定"按钮即可生成对格标记"a"。重复以上步骤，依次增加其他各部位排料的对位标记字母代号，如图5-3-4所示。

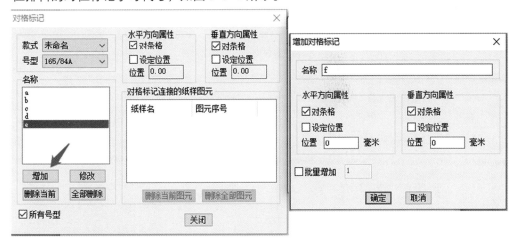

图 5-3-4

增加对位标记后，关闭该对话框，在"对格对条"对话框中单击"上一个""下一个"按钮，选择图元，找到需要对格对条的图元后，在"对格标记"区域找到对应代码，勾选"所有号型"复选框，单击"采用"按钮。然后继续选择下一个图元，当一个部位的纸样中对格标记设定好之后，在纸样列表框中继续选择下一个部位的纸样进行对格标记的设定，直到所有纸样的对格标记全部设定完成，如图5-3-5所示。

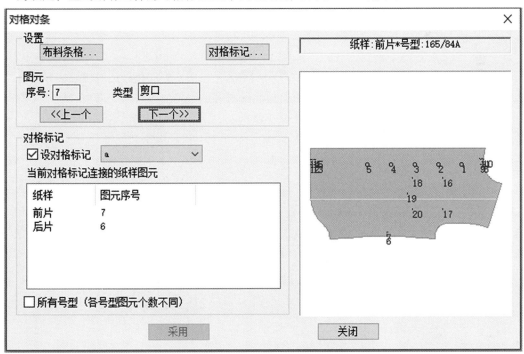

图 5-3-5

所有对格标记设定好之后，单击"选项"按钮，在下拉菜单中将"对格对条""显示条格"选项选中，如图 5-3-6 所示。

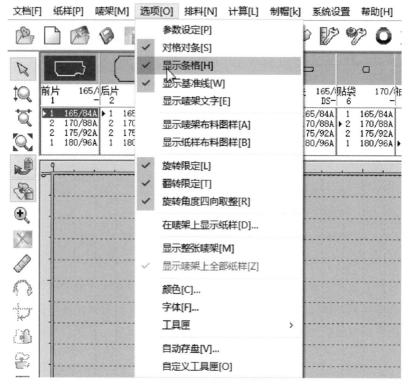

图 5-3-6

将纸样列表框中的样板依次拖动放置在唛架区，已设定好对格标记的样板会自动进行对格对条。将所有样板拖至唛架区进行排料即可完成对格对条排料。采用对格对条的排料方式面料利用率会比较低，如图 5-3-7 所示。

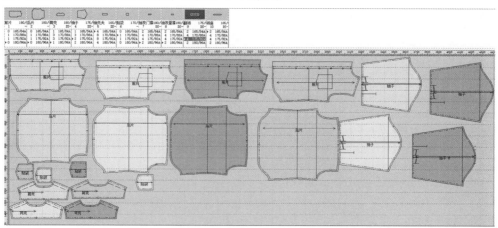

图 5-3-7

课后思考与练习

按表 5-3-2 所列男衬衫各号型订单数量进行对格对条排料训练,条格尺寸为 5 cm×6 cm。

表 5-3-2

号型	165/84A	170/88A	175/92A
数量	1	1	1

第六章
女西装 CAD 样板设计实操

> **学习目标**
>
> 知识目标：
> 1. 掌握女西装 CAD 结构设计的原理；
> 2. 掌握女西装 CAD 结构设计的方法；
> 3. 掌握女西装 CAD 样板裁剪与放码的方法；
> 4. 掌握女西装 CAD 样板排料的方法。
>
> 技能目标：
> 1. 能够熟练运用 CAD 软件进行西装款式结构设计；
> 2. 能够熟练地将女西装结构图转换为 CAD 样板并对样板进行放码；
> 3. 能够熟练运用 CAD 软件进行女西装样板排料。
>
> 素养目标：
> 1. 培养学生独立思考及灵活应变的能力；
> 2. 培养学生控制成本、勤俭节约的美德；
> 3. 培养学生专注执着、精益求精的工匠精神。

  从广义上来讲，西装通常是指西式服装，一般是相对"中式服装"而言的欧式服装；从狭义上来讲，西装一般是指西式上装或套装，多用于职业或商务场合。

  西装之所以长盛不衰，很重要的原因是它拥有深厚的文化内涵，主流的西装文化常常被人们打上有文化、有教养、有绅士风度、有权威感等标签。

  女性穿的现代西服套装多数限于商务场合。女性出席宴会等正式场合多会穿正式礼服，如宴会礼服等。

  20 世纪初，由外套和裙子组成的套装成为西方女性日间的一般服饰，适合上班和日常穿着。女性套装比男性套装材质更轻柔，裁剪也较贴身，以凸显女性身型充满曲线感的姿态。20世纪60年代开始出现配裤子的女性套装，但被接受为上班服饰的过程较慢。随着时代发展、社会开放，套装的裙子也有向短裙发展的趋势。20世纪90年代，迷你裙再度成为流行服饰，西装短裙的长度也因此受到影响，根据当地习俗及情况而异。本章选取女西装款式为范本讲解其CAD结构设计、样板裁剪与放码及排料的方法、步骤。

第一节 女西装CAD结构设计

视频：女西装结构设计

一、款式图

女西装为合体四开身基础西装款式，采用翻驳领结构，钉纽1粒；前片刀背分割，腰下左、右各有一个双嵌线口袋，装袋盖，下摆为方角倒V形；后片后中分割，左、右刀背分割；袖子为合体两片袖结构，袖口开衩，钉纽3粒，如图6-1-1所示。

图 6-1-1

二、规格尺寸

女西装（以号型为165/84A为例）的规格尺寸见表6-1-1。

表 6-1-1　　　　　　　　　　　　　　　　　cm

部位 号型：165/84A	后中长	前衣长	胸围	腰围	肩宽	背长	袖长	袖肥	袖口
净尺寸	—	—	84	68	38	38	58	—	—
成品尺寸	64	72	92	76	38	38	58	33	25

三、参考结构图（图 6-1-2）

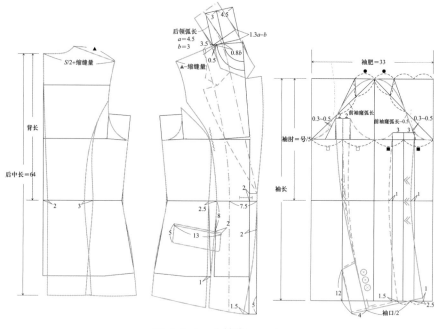

图 6-1-2 （单位：cm）

四、女西装 CAD 结构设计步骤

女西装款式结构相对较为复杂，且结构设计要求较高，在进行女上装类款式结构设计时通常会采用原型法，因此，在进行女西装结构设计时可以从富怡纸样设计 CAD 系统中导出原型结构，再结合自由设计法进行结构设计。

打开富怡服装 CAD 设计与放码系统，在主工具栏中将公式法工具关闭，在“规格表”对话框中按照尺寸要求及相关部位的档差规律输入相应尺寸数据，如图 6-1-3 所示。

号型名		160/80A	165/84A	170/88A	175/92A	
后中长		62	64	66	68	
前衣长		70	72	74	76	
胸围		88	92	96	100	
腰围		72	76	80	84	
肩宽		37	38	39	40	
背长		37	38	39	40	
袖长		56.5	58	59.5	61	
袖肥		31.5	33	34.5	36	
袖口		23	24	25	26	

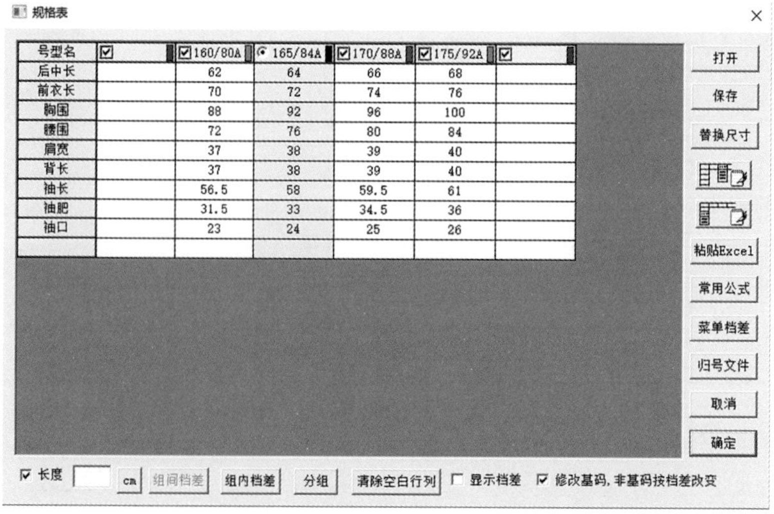

图 6-1-3

选择"工艺图库"工具 ▦，在系统自带的工艺图库中找到新女装原型样板。"工艺图库"对话框中默认路径为"C 盘 /RichpeaceCAD V10 院校版 / 工艺图库 / 常用符号"，如图 6-1-4 所示。

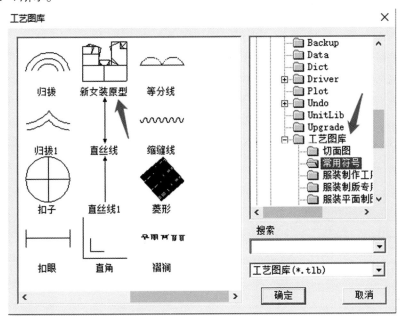

图 6-1-4

在"工艺图库"对话框中选择"新女装原型"，单击"确定"按钮，在系统工作区会生成一个新女装原型，单击鼠标右键，会弹出"比例"对话框，一般情况下不允许进行修改，直接单击"确定"按钮即可，如图 6-1-5 所示。

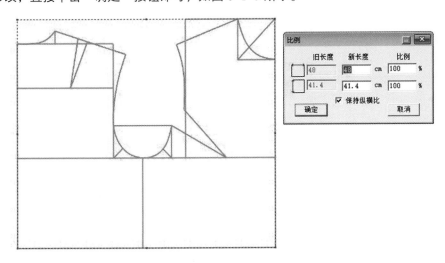

图 6-1-5

使用"智能笔"工具 ✏，将原型在侧缝线处前、后各收腰 1 cm，并将收腰线延长至袖隆宽线处，如图 6-1-6 所示。

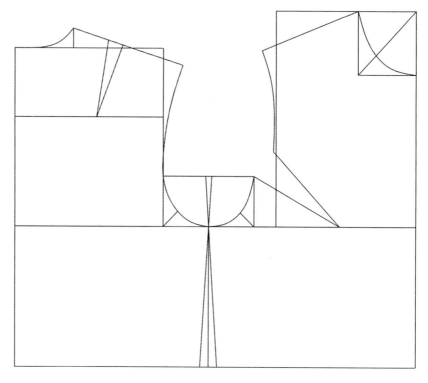

图 6-1-6

使用"智能笔"工具 ✐，在原型胸围线腋下点、腰围线收腰点处分别剪断线，然后使用"成组复制/移动"工具将原型前、后片分离，如图 6-1-7 所示。

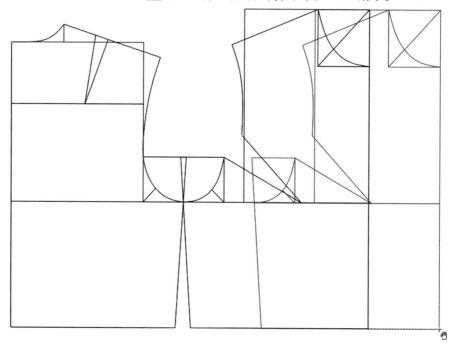

图 6-1-7

女西装款式结构中无后肩省及经过肩部的分割线，因此，肩省可用也可不用，选择"橡皮擦"工具，将后肩省擦除。使用"智能笔"工具自原型后领中点向后肩斜线作单圆规，长度为（$S/2+0.5$）cm（肩部缩缝量），得到新的肩端点。选择"比较长度"工具，测量后小肩长度，并用符号记录下来，使用"智能笔"工具在前肩斜线上以"后肩斜线－缩缝量"找到新的前肩端点，如图6-1-8所示。

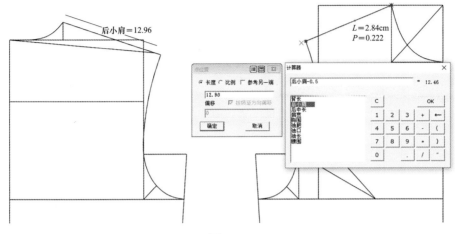

图 6-1-8

使用"智能笔"工具在新的肩端点的基础上将前、后袖窿弧线重新绘制圆顺，原型原来的袖窿弧线可用"橡皮擦"工具擦除，如图6-1-9所示。

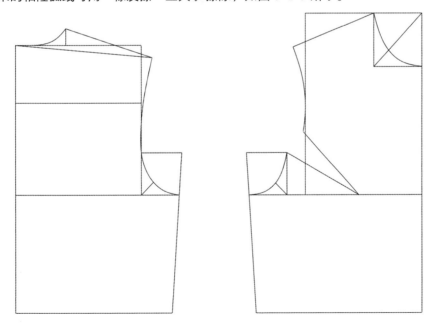

图 6-1-9

女西装前片结构为刀背分割，为了便于刀背分割转省，可用"旋转复制"工具将袖窿省1/3转至前中作为撇胸，余下2/3转至肩部作为肩省，如图6-1-10所示。

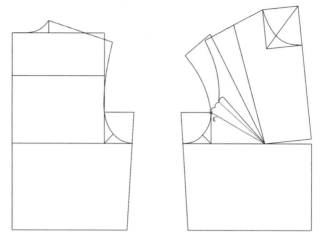

图 6-1-10

使用"智能笔"工具 ✏ 将前、后袖窿宽的方形按图 6-1-11 所示画垂线补正,用"橡皮擦"工具 ✏ 擦除其他不需要的辅助线。

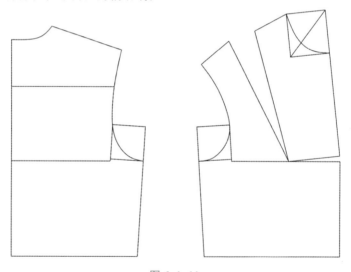

图 6-1-11

使用"智能笔"工具 ✏ 调整后领宽、后领深、前领宽、前领深,绘制新的前、后领口弧线,如图 6-1-12 所示。

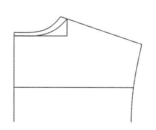 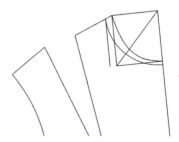

图 6-1-12

使用"橡皮擦"工具擦除不需要的辅助线条，用"智能笔"工具按成品规格绘制前后衣长线、叠门宽线、臀围线，如图 6-1-13 所示。

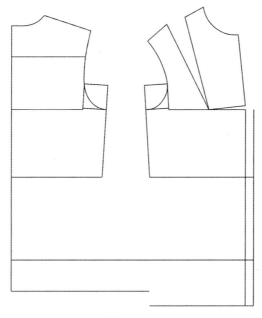

图 6-1-13

使用"比较长度"工具测量原型腰围尺寸，计算原型腰围尺寸与成衣腰围尺寸的差数，即成衣所需的收腰量。将收腰量根据款式分配到各收腰点，如后中、后刀背分割、侧缝、前刀背分割等。使用"智能笔"工具绘制出后中分割线及前腰省道中线，如图 6-1-14 所示。

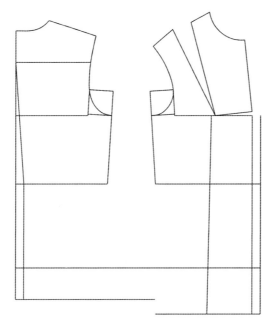

图 6-1-14

使用"等份规"工具将后腰分成两等份，再用"智能笔"工具绘制出后腰省中线，如图6-1-15所示。

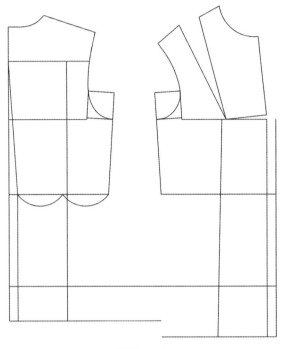

图 6-1-15

使用"智能笔"工具根据前后腰省大小，绘制前后刀背分割线，如图6-1-16所示。

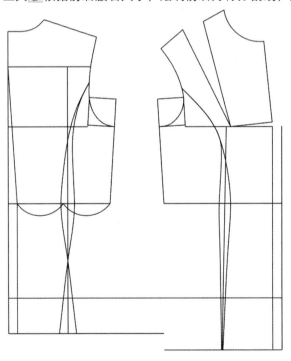

图 6-1-16

使用"智能笔"工具 🖊 绘制女西装衣身侧缝弧线。该款式未提供摆围及臀围尺寸，故需要通过成品胸围尺寸判断臀围尺寸，通常未给出臀围尺寸时，臀围尺寸一般在胸围尺寸基础上加 4 ~ 6 cm，如图 6-1-17 所示。

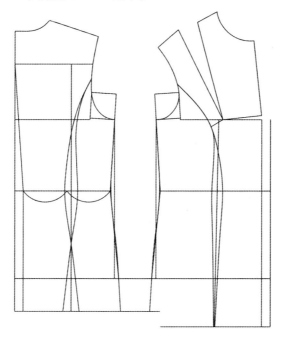

图 6-1-17

使用"智能笔"工具 🖊 绘制前片门襟倒 V 形下摆，然后将后中片、后侧片、前侧片、前中片所有样板的下摆线单独连成直线，如图 6-1-18 所示。

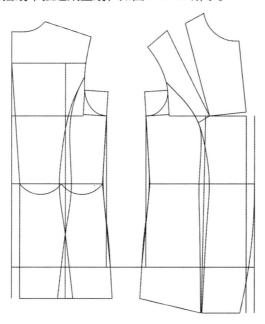

图 6-1-18

使用"合并调整"工具，依次选择后中、后侧、前侧、前中的下摆线，单击鼠标右键，再依次单击后片刀背分割线、侧缝线、前片刀背分割线，再次单击鼠标右键，将下摆弧线调整圆顺，如图 6-1-19 所示。

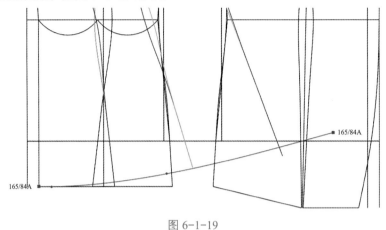

图 6-1-19

使用"智能笔"工具将前片袖窿弧线在刀背分割线处剪断线，将前片靠前中的刀背分割线在胸高点附近剪断线，选择"移动旋转复制"工具将前片肩省合并，省道转移至刀背分割处，如图 6-1-20 所示。

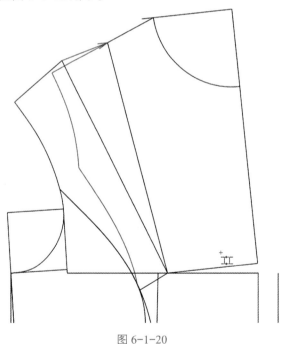

图 6-1-20

设翻领宽 a=4.5 cm，领座宽 b=3 cm，使用"智能笔"工具自前领侧点向前领宽线作单圆规，长度为 0.8 a。选择"CSE 圆弧"工具，以前中心线与上平线交点为圆心，以 0.8 a 为半径绘制领基圆。用"智能笔"工具自驳头翻折点作领基圆的切线，确定驳头翻折线，但是不要完全与领基圆相切，可相距 0.3 cm 左右，如图 6-1-21 所示。

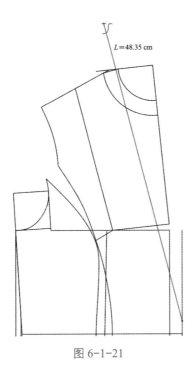

图 6-1-21

使用"智能笔"工具 ✏️，根据款式图效果将翻领及驳头着装状态绘制出来，然后用"对称复制"工具 ⚠️ 将翻领与驳头沿翻折线对称，如图 6-1-22 所示。

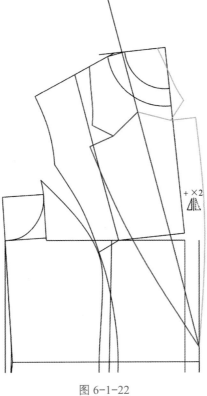

图 6-1-22

使用"智能笔"工具 ✐ 作翻折线的平行线，相交于领侧点，绘制出串口线，用"合并调整"工具 ✂ 拼合后领弧线与串口线，调整圆顺。然后以领座的宽度作翻折线的平行线，以后领弧线的长度及翻领加领座的宽度绘制出一个长方形，如图 6-1-23 所示。

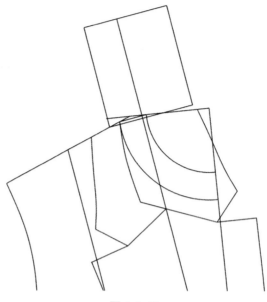

图 6-1-23

使用"CSE 圆弧"工具 ⌒，以 A 点为圆心，以 7.5 cm 为半径绘制一个圆，以 B 点为圆心，以（$1.3a-b$）为半径再绘制一个圆，使用"旋转复制"工具 ⟲，将长方形旋转展开至两圆的交点，再使用"智能笔"工具 ✐ 将翻领外轮廓绘制圆顺，如图 6-1-24 所示。

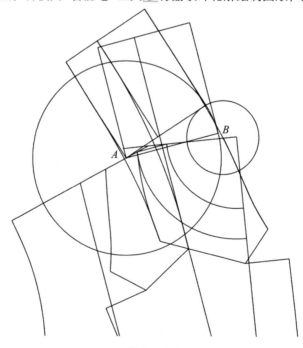

图 6-1-24

使用"智能笔"工具 ✏️，按结构参考图绘制出挂面、袋位及袋盖结构，然后使用"设置线类型和颜色"工具 ▭ 对前、后片，领子结构外轮廓进行调整，如图 6-1-25 所示。

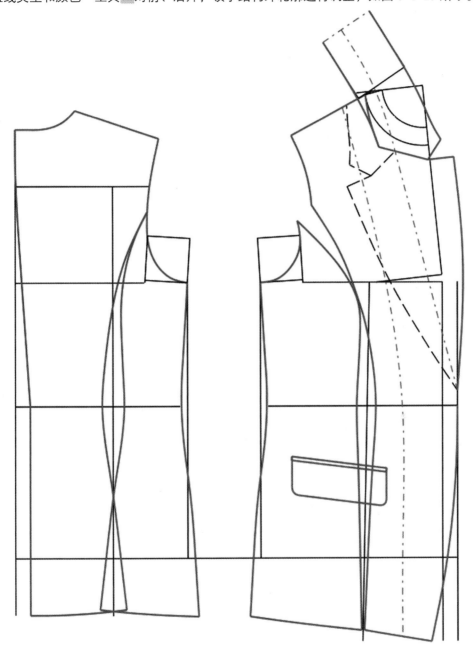

图 6-1-25

使用"比较长度"工具 ✐ 测量前、后袖窿弧长，用"智能笔"工具 ✏️ 绘制水平线，长度为 33 cm，确定袖肥大小，再用"双圆规"工具以袖肥线两端绘制袖山斜线，后袖窿弧长、前袖窿弧长为 -0.5 cm。然后按袖长、袖肘尺寸绘制出袖子基础框架，如图 6-1-26 所示。

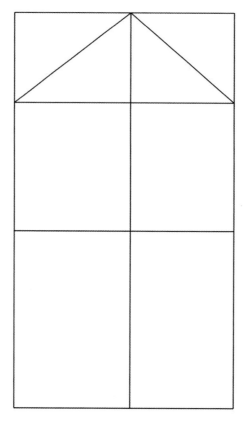

图 6-1-26

使用"成组复制/移动"工具 ,将前、后袖窿弧线分别移动至前后袖肥点,用"等份规"工具 将前袖肥分成三等份,后袖处取前袖肥的1/3,分别作前、后袖窿弧线的切线,但不要完全与其相切,绘制出袖山弧线的辅助线,如图6-1-27所示。

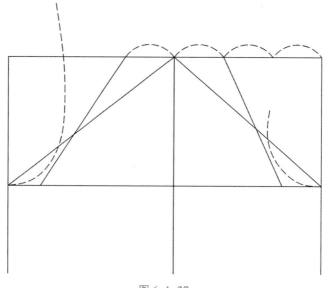

图 6-1-27

使用"等份规"工具 将袖山辅助线按照参考结构图进行相应部位的等分，再使用"智能笔"工具 绘制出袖山弧线，如图6-1-28所示。

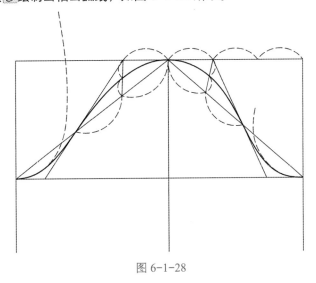

图6-1-28

使用"等份规"工具 将前、后袖肥分成两等份，再使用"智能笔"工具 绘制前、后袖肥中线，以后袖肥中线作袖偏线，宽度为2 cm，以前袖肥中线作袖偏线，宽度为3 cm，如图6-1-29所示。

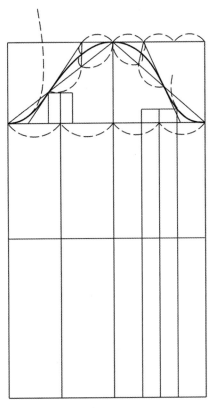

图6-1-29

使用"智能笔"工具，✎参照结构图数据，将大、小袖前、后袖缝线，袖衩，袖口弧线等绘制完善，再用"设置线类型和颜色"工具▬将大、小袖外轮廓线调整，如图 6-1-30 所示。

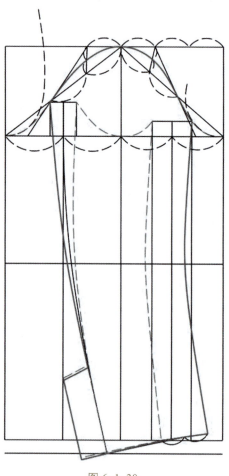

图 6-1-30

课后思考与练习

按照表 6-1-2 所列规格尺寸进行女西装结构设计。

表 6-1-2　　　　　　　　　　　　　　　cm

部位 号型：165/84A	后中长	前衣长	胸围	腰围	肩宽	背长	袖长	袖肥	袖口
净尺寸	—	—	84	68	38	38	58	—	—
成品尺寸	60	70	94	76	39	38	59	32	24

第二节 女西装 CAD 样板裁剪

视频：女西装样板裁剪

一、女西装参考样板图（图 6-2-1）

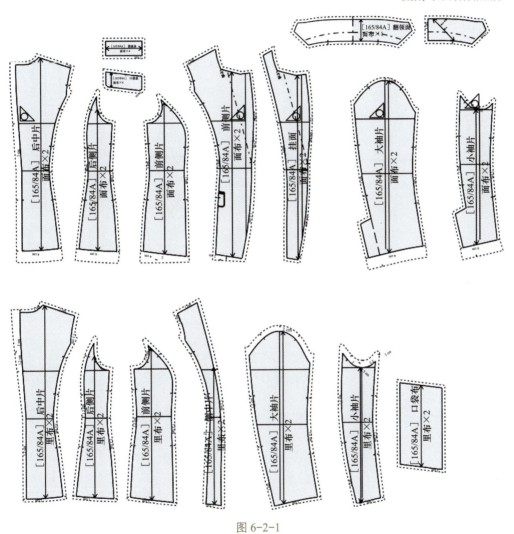

图 6-2-1

二、面布样板拾取

女西装样板部件较多，面布、里布样板需要分开处理，且女西装结构设计采用自由设计法，样板生成后不能自动放码，需要自行手动放码。

使用"剪刀"工具 ✂，依次拾取后中片、后侧片、前侧片、前中片、挂面、翻领、袋嵌条、袋盖、大袖片、小袖片等所有样板，并将主要内部辅助线一并拾取，如图 6-2-2 所示。

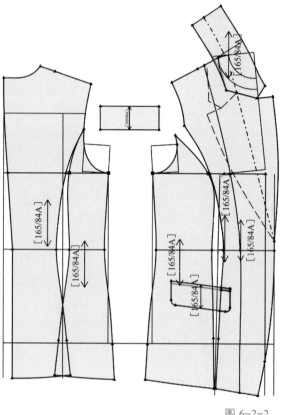
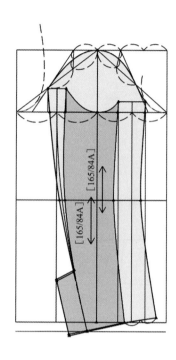

图 6-2-2

将所有样板移至工作区空白区域，并整齐排列，使用"布纹线"工具 对部分样板的布纹线方向进行调整，将所有样板的布纹线长度调整为净样板长度，如图 6-2-3 所示。

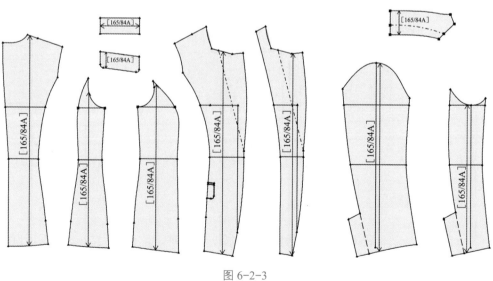

图 6-2-3

按F7键,将所有样板缝边显示,并使用"缝份"工具根据女西装工艺要求,对相应部位的缝份进行调整。在"缝份"工具下按Shift键切换工具,对所有缝边折转角做相应调整,如图6-2-4所示。

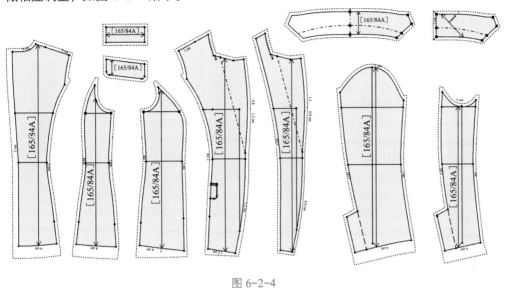

图6-2-4

选择"剪口"工具，在样板需要对位或标记的部位放置剪口,如图6-2-5所示。

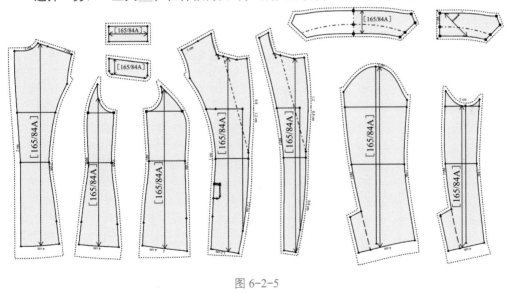

图6-2-5

在纸样列表框双击任意样板,在弹出的"纸样信息栏"对话框中填入样板的相关信息,单击"应用"按钮,对纸样信息加以完善。依次在纸样列表框双击所有样板,对所有样板相关信息进行完善,如图6-2-6所示。

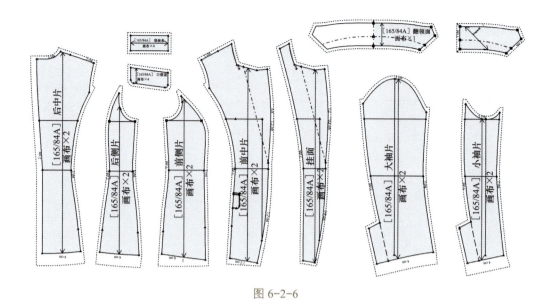

图 6-2-6

三、里布样板拾取

基础款女西装里布样板基本上与面布样板一致，除前中片及口袋布里布需要重新拾取外，其他部位的里布样板均可以直接复制面布样板，对缝份宽度进行调整即可。

依次选择后中片、后侧片、前侧片、大袖片、小袖片，按"Ctrl+C""Ctrl+V"组合键即可复制、粘贴相应里布样板，再用"剪刀"工具 将前中片、口袋布样板拾取出来。如两裁片直接有缝份关联，则需先按F5键将裁片取消关联，待复制裁片后，再按F5键保持关联，如图6-2-7所示。

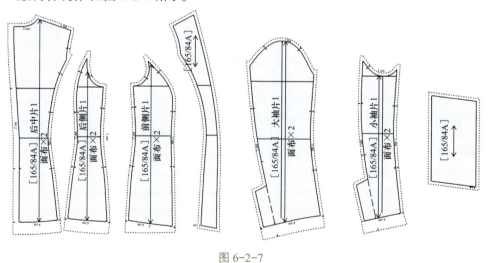

图 6-2-7

依次用"布纹线"工具 、"缝份"工具 、"剪口"工具 对里布布纹线、缝份、剪口做相应调整及完善，并将纸样信息修改完善，即可完成女西装里布样板拾取，如图 6-2-8 所示。

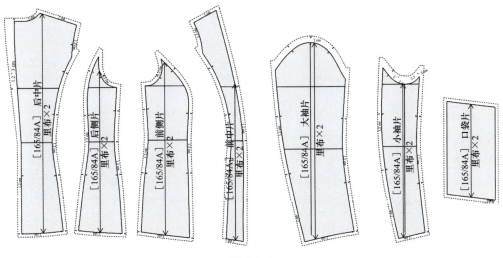

图 6-2-8

课后思考与练习

根据本章第一节课后思考与练习的女西装结构设计,拾取面、里布样板并完善相关信息,生产完整样板。

第三节 女西装 CAD 样板放码与排料

一、女西装齐码

女西装齐码见表 6-3-1。

视频:女西装样板放码与排料

表 6-3-1   cm

规格 部位	160/80A	165/84A (基码)	170/88A	175/92A
后中长	62	64	66	68
前衣长	70	72	74	76
胸围	88	92	96	100
腰围	72	76	80	84
肩宽	37	38	39	40
背长	37	38	39	40
袖长	56.5	58	59.5	61
袖肥	31.5	33	34.5	36
袖口	24	25	26	27

二、女西装面布点放码参考数据（图6-3-1）

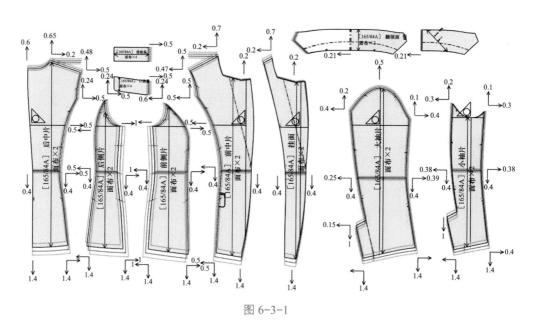

图6-3-1

三、女西装放码操作步骤

女西装放码采用点放码的方式进行。在放码操作之前需将所有纸样缝份隐藏，将所有样板的弧线点隐藏。为了排料方便，可将面布、里布样板一并放码，面、里布样板基本一致，可先进行面布放码，里布放码量直接复制面布放码量即可。

按照放码参考图设定各样板基准点，如图6-3-2所示。

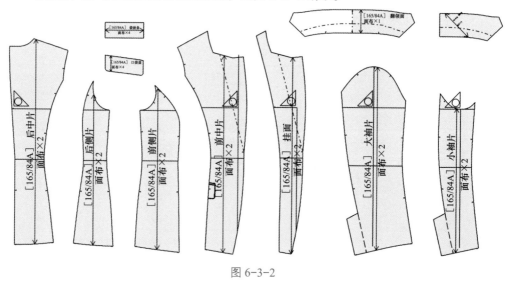

图6-3-2

使用"选择"工具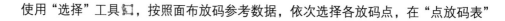，按照面布放码参考数据，依次选择各放码点，在"点放码表"

对话框中输入相应 dX、dY 值,完成面布各部位放码,如图 6-3-3 所示。

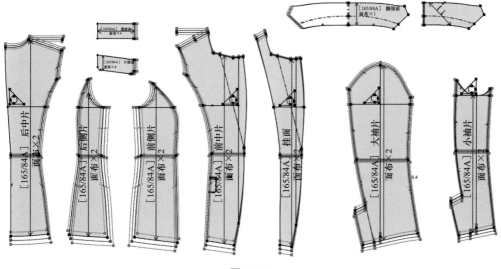

图 6-3-3

在面布前、后肩线放码时,可以在前、后领侧点绘制一条水平参考线,使用"等角度边线延长"工具 辅助放码。依次选择后肩端点、后领侧点、水平辅助线端点,在弹出的"距离"对话框中输入角度与距离,单击"均码"按钮后,再单击"确定"按钮即可。在一般情况下,后肩斜线放码角度为 0.3°,距离则以肩宽的档差量为依据,需先将肩端点放码后再进行"等角度边线延长"放码。后肩放码后需测量后肩斜线的档差量,再进行前肩"等角度边线延长"放码,角度依然是 0.3°,距离则为后肩斜线的档差量,如图 6-3-4 所示。

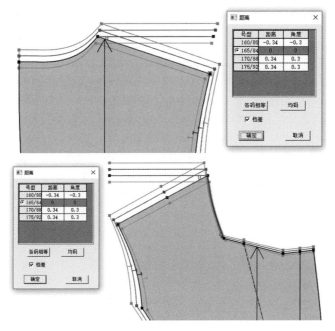

图 6-3-4

袖子放码完成后,需用"比较长度"工具 测量袖山弧线与袖窿弧线的长度差数,码数越大则袖山吃量越大,反之越小,如图 6-3-5 所示。

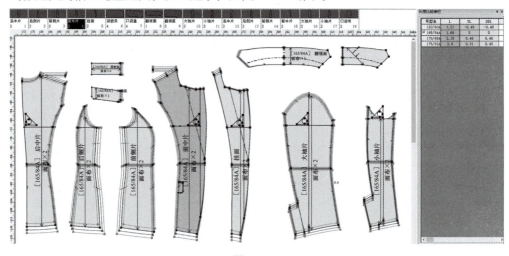

图 6-3-5

面料样板放码准确无误后,可用"点放码表"对话框中的"复制放码量""粘贴 XY""粘贴 X""粘贴 Y"工具将面布样板的放码量逐一复制到里布样板上,即可完成里布样板放码,如图 6-3-6 所示。

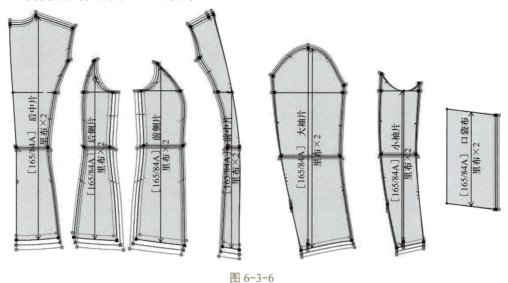

图 6-3-6

四、女西装排料

1. 排料要求与说明

女西装款式裁片较多,且分为面布和里布,在排料时需要区分面布、里布。

女西装样板总共设置 160/80A、165/84A、170/88A、175/92A 四个码,各码订单

数量见表 6-3-2。

表 6-3-2

号型	160/80A	165/84A	170/88A	175/92A
数量	1	1	1	1

2. 排料步骤

打开富怡服装排料 CAD 系统，选择工具栏中的"新建"按钮，弹出"唛架设定"对话框。根据唛架要求，对排料相关参数进行设计，将女西装样板载入排料系统，如图 6-3-7 所示。

图 6-3-7

先进行面布样板排料，执行"排料"→"定时排料"命令，设置好预定时间及面料利用率，如图 6-3-8 所示。

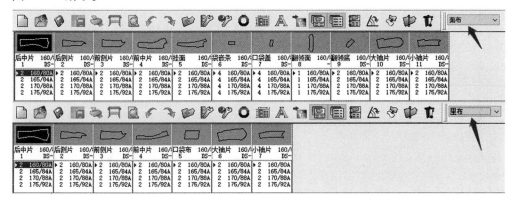

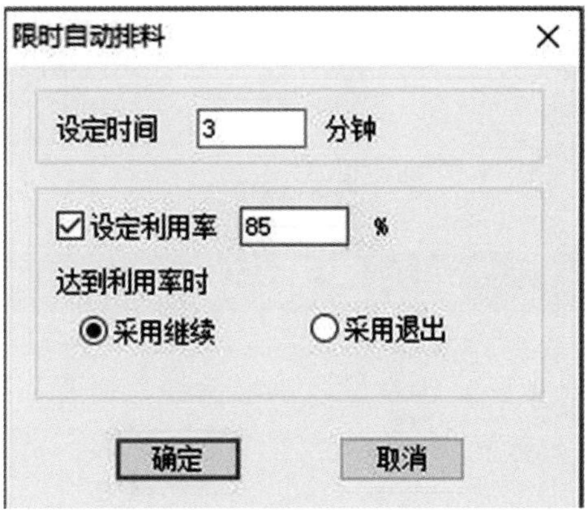

图 6-3-8

单击"确定"按钮，开始定时排料，待利用率达到预期值，单击"采用"→"结束"按钮，即可完成面布样板排料，如图 6-3-9 所示。

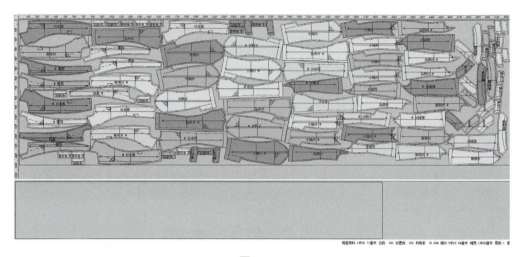

图 6-3-9

重复面布排料操作步骤，选择里布样板，进行里布"定时排料"，即可完成里布样板排料，如图 6-3-10 所示。

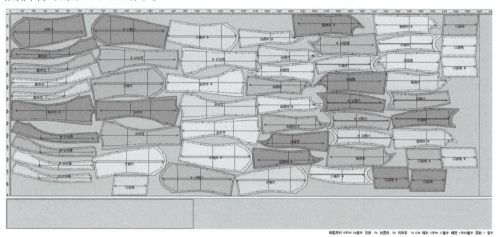

图 6-3-10

课后思考与练习

按表 6-3-3 所列女西装各号型订单数量进行面布、里布排料训练。

表 6-3-3

号型	160/80A	165/84A	170/88A	175/92A
数量	1	2	2	1

第七章
富怡 CAD 样板读取与输出

学习目标

知识目标：
1. 了解 CAD 数化板的使用方法；
2. 了解服装 CAD 样板输出的方法。

技能目标：
1. 熟练掌握样板读取的操作方法；
2. 能够将不同类型的样板通过数化板读取存入计算机；
3. 掌握绘图仪相关设置及操作规范；
4. 能够对具体样板进行绘图输出。

素养目标：
1. 培养学生独立思考及灵活应变的能力；
2. 培养学生控制成本、勤俭节约的美德；
3. 培养学生专注执着、精益求精的工匠精神。

在数字化服装制板发展之前，一般样板师都是采用手工制板的方式进行服装样板制作。随着服装制板技术的发展，虽然基本上所有的服装公司均已使用计算机制板，但是对于很多时装公司的样板师仍然会采用手工制板或立体裁剪制板的方式进行服装样板制作。为了服装样板的保存及批量生产所需的样板缩放，因此，就必须要求样板师掌握手工样板读取技术。

服装样板在 CAD 软件制作完成后，通常需要将样板打印输出，然后交给生产部门进行裁剪生产。

第一节　富怡 CAD 样板读取

一、样板读取的概念

样板读取也叫作读纸样，是借助数化板、鼠标，将手工制作的基码纸样或放好码的网状纸样输入计算机。

二、样板读取操作说明

通常情况下数化板会配备一个读图鼠标，常用的为十六键鼠标，如图 7-1-1 所示，可以根据不同的点的属性，用各键的预置功能进行读入。

图 7-1-1

十六键鼠标的每个按键都有相应的用法，具体操作见表 7-1-1。

表 7-1-1

1 键：直线放码点	2 键：闭合 / 完成	3 键：剪口点
4 键：曲线非放码点	5 键：省 / 褶	6 键：钻孔（十字叉）
7 键：曲线放码点	8 键：钻孔	9 键：眼位
0 键：圆	A 键：直线非放码点	B 键：读新纸样
C 键：撤销	D 键：布纹线	E 键：放码
F 键：辅助键（用于切换 ✂ ▨ ▨ ▨ 的选中状态）		

由于服装样板结构变化较多，读取样板时不同部位会有不同的操作要求，具体操作见表 7-1-2。

表 7-1-2

类型	操作	示意图
开口辅助线	读完边线后，系统会自动切换在 ▨，用 1 键读入端点、中间点（按点的属性读入，如果是直线读入 1 键，如果是弧线读入 4 键）、用 1 键读入另一端点，按 2 键完成	
闭合辅助线	读完边线后，单击▨按钮后，根据点的属性输入即可，按 2 键闭合	
内边线	读完边线后，单击▨按钮后，根据点的属性输入即可，按 2 键闭合	
V 形省	读边线读到 V 形省时，先按 1 键，单击菜单上的 V 形省（软件默认为 V 形省，如果没读其他省而读此省时，不需要在菜单上选择），按 5 键依次读入省底起点、省尖、省底终点。如果省线是曲线，在读省底起点后按 4 键读入曲线点。因为省是对称的，读弧线省时用 4 键读一边即可	5　5 4 5
锥形省	读边线读到锥形省时，先按 1 键，单击菜单上锥形省，然后用 5 键依次读入省底起点、省腰、省尖、省底终点。如果省线是曲线，在读省底起点后按 4 键读入曲线点。因为省是对称的，读弧线省时用 4 键读一边即可	5　5 4 5 4 5
内 V 形省	读完边线后，先按 1 键，单击菜单上的内 V 形省，再读操作同 V 形省	5　5 4 5
内锥形省	读完边线后，先按 1 键，单击菜单上的内锥形省，再读锥形省操作同锥形省	5　5 4 5 4 5
菱形省	读完边线后，先按 1 键，单击菜单上的菱形省，按 5 键顺时针依次读省尖、省腰、省尖，再按 2 键闭合。如果省线是曲线在读入省尖后可以按 4 键读入曲线点。因为省是对称的，读弧线省时用 4 键读一边即可	5 4 5 4 5

续表

类型	操作	示意图
褶	读工字褶（明、暗）、刀褶（明、暗）的操作相同，在读边线时，读到这些褶时，先按1键选择菜单上的褶的类型及倒向，再按5键顺时针方向依次读入褶底、褶深。1、2、3、4表示读省顺序	1 5　　　　4 5 （示意图） 2 5　　　　3 5
剪口	在读边线读到剪口时，按点的属性选1、4、7、A其中之一再加3键读入即可。如果在读图对话框中选择曲线放码点，在曲线放码上加读剪口，可以直接按3键读入	
布纹线	边线完成之前或之后，按D键读入布纹线的两个端点。如果不输入布纹线，系统会自动生成一条水平布纹线	D←――――→D
扣眼	边线完成之前或之后，按9键输入扣眼的两个端点	
打孔	边线完成之前或之后，按6键单击孔心位置	
圆	边线完成之前或之后，按0键在圆周上读3个点	
款式名	按1键，先单击菜单上的"款式名"，再单击表示款式名的数字或字母。一个文件中款式名只读一次即可	
客户名、订单号	同上	
纸样名	读完一个纸样后，按1键，单击菜单上的"纸样名"，再单击对应名称	
布料、份数	同上	
文字串	读完纸样后，按1键，单击菜单上的"文字串"，再在纸样上单击两点（确定文字位置及方向），再单击文字内容，最后单击菜单上的"回车"	

※ 读图说明：

（1）读边线和内部闭合线时，按顺时针方向读入。

（2）省褶。

1）读边线省或褶时，最少先读一个边线点；

2）读V形省时，如果打开读纸样对话框还未读其他省或褶，就不用在菜单上选择；

3）在一个纸样连续读同种类型的省或褶时，只需在菜单上选择一次类型。

（3）布料、份数。一个纸样上有多种布料，如有一个纸样面有2份，补有1份，先按1键单击"布料"，再单击布料的名称"面"，再单击"份数"，再单击相应的数字"2"，再单击"布料"，再单击另一种布料名称"补"，再单击"份数"，再单击相应的数字"1"。

三、"读纸样"对话框参数说明

进入读取纸样界面，会看到图 7-1-2 所示对话框。

图 7-1-2

[剪口类型图标]："剪口"后的下拉列表中有多种剪口类型供选择，选中的为读图时显示的剪口类型，"剪口点类型"后的下拉列表中有四种点类型供选择，如图 7-1-2 所示选择为"放码曲线点"，那么读到在放码曲线点上的剪口时，直线按 3 键即可。

[设置菜单]：当第一次读纸样或菜单被移动过，需要设置菜单。操作：把菜单贴在数化板有效区的某边角位置，执行该命令，选择"是"选项后，用鼠标 1 键依次单击菜单的左上角、左下角、右下角即可。

[读新纸样]：读完一个纸样，执行该命令，被读纸样放回纸样列表框，可以再读另一个纸样。

[重读纸样]：读纸样时，若错误步骤较多，执行该命令后重新读样。

[补读纸样]：当纸样已放回纸样窗，单击该按钮可以补读，如剪口、辅助线等。操作：选中纸样，单击该按钮，被选中纸样就显示在对话框中，再补读未读元素。

[结束读样]：用于关闭读图对话框。

四、基码样板读取步骤与操作

（1）用胶带把纸样贴在数化板上。

（2）单击图标 ，弹出"读纸样"对话框，用数化板的鼠标的＋字准星对准需要输入的点（参见十六键鼠标各键的预置功能），按顺时针方向依次读入边线各点，按 2 键纸样闭合。

（3）这时会自动选中"开口辅助线" （如果需要输入闭合辅助线，单击 按钮；如果是挖空纸样，单击 按钮），根据点的属性按下对应的键，每读完一条辅助线或挖空一个地方或闭合辅助线，都要按一次2键。

（4）根据附表中的方法，读入其他内部标记。

（5）单击对话框中的"读新纸样"按钮，则先读的一个纸样出现在纸样列表内，"读纸样"对话框空白，此时可以读入另一个纸样。

（6）全部纸样读完后，单击"结束读样"按钮。

※ 钻孔、扣位、扣眼、布纹线、圆、内部省：既可以在读边线之前读，也可以在读边线之后读。

操作示例：图7-1-3所示的纸样中，被圈住数字或字母表示鼠标键，没被圈住的数字表示读图顺序号。

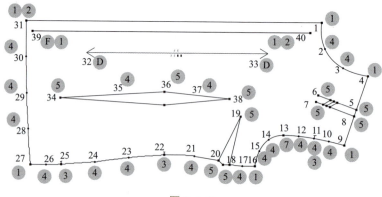

图 7-1-3

（1）序号1、2、3、4依次用1键、4键、4键、1键读。

（2）用鼠标1键在菜单上选择对应的刀褶，再用5键读此褶。用1键、4键读相应的点，用对应键按顺序读对应的点。

（3）序号11，如果在"读纸样"对话框中选择的是"放码曲线点"，那么就先用4键再用3键读该位置。序号22，序号25，可以直接用3键。

（4）读完序号17后，用鼠标1键在菜单上选择对应的省，再读该省。

（5）序号31，先用1键读，再用2键读。

（6）读菱形省时，先用鼠标1键在菜单上选择菱形省，因为菱形省是对称的，只读半边即可。

（7）读开口辅助线时，每读完一条辅助线都需要按一次2键来结束。

五、放码样板读取步骤与操作

（1）执行"号型"→"号型编辑"命令，根据纸样的号型进行编辑并指定基码，单击"确定"按钮。

（2）把各纸样按从小码到大码的顺序，以某一边为基准，整齐地叠在一起，将其固定在数化板上。

（3）单击图标，弹出"读纸样"对话框，先用1键输入基码纸样的一个放码点，再用E键按从小码到大码的顺序（跳过基码）读入与该点相对应的各码放码点。

(4)参照此法,输入其他放码点,非放码点只需读基码即可。

(5)输入完毕,最后按 2 键完成。

操作示例如图 7-1-4 所示。

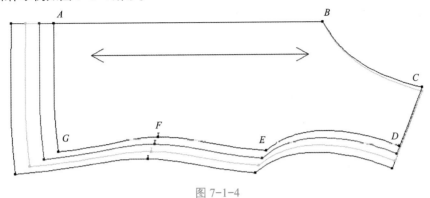

图 7-1-4

(1)在"设置规格号型表"对话框中输入 4 个号型,如 S、M、L、XL,为了方便读图把最小码 S 设为基码。

(2)把放码纸样图(如图 7-1-4 所示)贴在数化板上。

(3)从点 A 开始,按顺时针方向读图,按 1 键在基码点上单击,按 E 键分别在 A1、A2、A3 上单击,如图 7-1-5 所示。

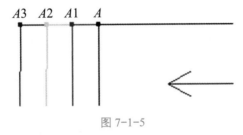

图 7-1-5

(4)按 1 键在 B 点上单击(B 点没放码),再按 4 键读基码的领口弧线。

(5)按 1 键在 C 点上单击,再按 E 键在 C 点上单击一下,再在 C2 点上单击两次(领宽是两码一档差),如图 7-1-6 所示。

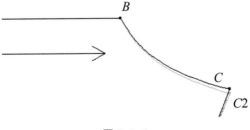

图 7-1-6

(6)D 点的读法同 A 点,接着按 4 键用袖笼,其他放码点和非放码点同前面的读法……按 2 键完成。

课后思考与练习

1. 熟记数化板十六键鼠标的所有按键的用法。
2. 手工绘制一个服装款式样板，用数化板进行样板读取，将样板输入计算机进行存档。

第二节　富怡 CAD 系统样板输出

一、样板输出的概念

样板输出，就是将绘制好的纸样通过绘图仪按比例打印出结构图、裁剪用样板或大货生产用唛架。

二、"绘图"对话框参数说明

在富怡设计与放码 CAD 系统工具栏中单击"绘图"按钮，会弹出图 7-2-1 所示的"绘图"对话框。

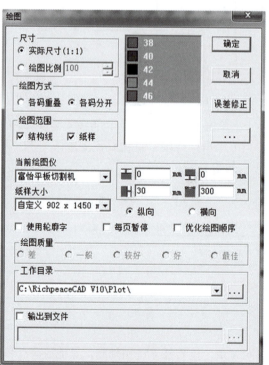

图 7-2-1

"实际尺寸"：是指将纸样按 1∶1 的实际尺寸绘制。

"绘图比例"：选择该选项后，其后的文本框显亮，在其中可以输入绘制纸样与实际尺寸的百分比。

"各码重叠"：输出的结果是各码重叠显示。

"各码分开"：是指各码独立输出的方式。对话框右边的号型选择框用于选择输出号型，显蓝的码是输出号型，如不想输出某号型，则单击该号型名使其变白即可，该框的默认值为全选。

"绘图范围"：可选择绘制结构线还是纸样。

"当前绘图仪"：用于选择绘图仪的型号，单击旁边的小三角█按钮会弹出下拉列表，选择当前使用的绘图仪名称。

"纸样大小"：用于选择纸张类型，单击旁边的小三角█按钮会弹出下拉列表，选择纸张类型，也可以选择自定义，在弹出的对话框中输入页大小，单击"确定"按钮即可。

▇：设置绘图纸的左边距；▇：设置绘图纸的右边距；▇：设置本次绘图与下次绘图的间距；▇：设置对位标记间距。

"纵向""横向"：用于选择绘图的方向。

"输出到文件"：勾选该复选框可以把工作区纸样存储成 PLT 文件。在绘图中心直接调出 PLT 文件绘图，这样即使连接绘图仪的计算机上没有服装软件也可以绘图。

"输出到文件"的操作步骤：在"绘图"对话框中勾选"输出到文件"复选框，单击…按钮，会弹出"输出文件名"对话框，输入文件名，单击"保存"按钮回到"绘图"对话框，单击"确定"按钮，回到"绘图"对话框，再次单击"确定"按钮即可保存，如图 7-2-2 所示。

图 7-2-2

"工作目录"：是指绘图时的工作路径。

例如，在本机上绘图，须在本机上将"富怡服装 CAD V 10.0"中的 PLOT 共享，工作目录选择该机共享的 PLOT 即可。如果有 A、B 两台计算机，将计算机 A 与绘图仪相连，计算机 B 要通过网络绘图，首先把计算机 A 中的"富怡服装 CADV 10.0"下的 PLOT 共享，在计算机 B 的工作目录选择计算机 A 中的 PLOT 即可。如果计算机较多时，为了更快速地找到连接绘图仪的计算机，在此可直接输入 IP 地址。

※ 连接绘图仪的端口可在绘图中心进行相应设置。

三、样板输出操作步骤

（1）把需要绘制的纸样或结构图在工作区中排好，如果绘制纸样，也可以执行"编辑"→"自动排列绘图区"命令。

（2）按快捷键F10，显示纸张宽边界（若纸样出界，布纹线上有圆形红色警示，则需把该纸样移入界内）。

（3）单击"绘图"按钮 ，弹出"绘图"对话框。

（4）选择需要的绘图比例及绘图方式，在不需要绘图的尺码上单击使其没有颜色填充。

（5）在"绘图"对话框中设置当前绘图仪型号、纸张大小、预留边缘、工作目录等。

（6）单击"确定"按钮即可绘图。

※ 在绘图中心设置连接绘图仪的端口，要更改纸样内、外线输出线型，布纹线，剪口等的设置，则需执行"选项"→"系统设置"→"打印绘图"命令。

四、绘图"误差修正"

"误差修正"主要用于校正与实际尺寸不符的绘图尺寸，具体操作步骤如下。

（1）单击"误差修正"按钮，弹出"密码"对话框，输入密码后，单击"确定"按钮。需要密码的客户需要向富怡公司咨询。

（2）弹出"绘图误差修正"对话框： 是指在幅宽方向填入1 m实际绘出的值； 是指在幅长方向填入1 m实际绘出的值。

（3）在软件中制作一个1 m×1 m的矩形，如实际绘出的幅宽上是998 mm，幅长上是998.2 mm，那么就需要在幅宽方向输入998 mm，在幅长方向输入998.2 mm，单击"确定"按钮即可。

课后思考与练习

1. 富怡CAD软件用"绘图"工具如何保存PLT文件？
2. 选取任意一个绘制好的CAD样板，用绘图仪进行样板输出。

附 录

全国职业院校职业技能大赛(中职组)服装设计与工艺赛项 CAD 赛题范图

参考文献

[1] 深圳市盈瑞恒科技有限公司. 富怡服装 CAD 系统使用手册 V10.0, 2020.

[2] 梁永, 张雨. 服装 CAD[M]. 南京: 南京大学出版社, 2015.

[3] 何静林, 袁超. 女上装纸样设计与立体造型[M]. 北京: 科学出版社, 2017.

[4] 高国利, 吴继辉. 成衣制版[M]. 沈阳: 辽宁美术出版社, 2020.

[5] 廖晓红, 袁超. 服装立体造型实训教程[M]. 北京: 中国纺织出版社, 2022.